實戰智慧館 447

雙 11

全球最大狂歡購物節，第一手操作大揭密

秦嫣 著

推薦序

令人驚異的商業實力

林啓峰（富邦媒總經理）

雙十一的崛起得力於中國網路的快速成長，他們的網路之所以能迅速席捲，導因於實體店面潛藏著許多扭曲。首先是「資訊成本」，例如，相同的商品像是舶來品在不同店家的價格都不同，消費者有可能多花一倍價錢卻買相同的東西。這些因為缺乏資訊而多花的錢就就稱為「資訊成本」。再來是潛規則的存在，若要在中國開店，可能會有很多人有權利介入，例如消防員、房東等，他們可能藉口消防設施不完備或漲房租。一般來說，百貨公司可幫店家擋掉這些干擾，但會多收取許多費用。不過正因為這些扭曲、不合理的狀況，剛好提供京東、天貓、淘寶等網路平台一個發揮的空間。

網路平台由於資訊透明、量體夠大，可以分攤掉一些有形無形的費用。而當平台夠龐大時，就能築起安全堡壘，幫所有店家擋風遮雨，讓店家只需少許費用就能開始做生意。因此這幾年中國的電商快速崛起，成長的勢頭甚至威脅到實體店家的營收。

但以上這些因素在台灣不盡然存在。台灣的實體店面效率、定價透明度等資訊取得容易，與網路的差距並不大，再加上台灣的經濟規模不若中國龐大，因此很難看到台灣出現像雙十一那樣的購物節奇蹟。

閱讀《雙11》這本書時，我對一秒鐘可以處理八萬五千九百筆交易感到非常驚訝，這是非常驚人的數字！二〇一六年雙十一當日營業額為一二〇七億元人民幣（約新台幣六千億元），當年 momo 購物網也做雙十一，營業額為新台幣三億元。我記得當時 IT 團隊跟我反映，當下有三十萬人掛在網站上挑選商品，僅僅是這樣的數字，我們的系統就已經很吃緊，更遑論達到雙十一的巨大處理量。書中也提到，這樣的處理速度連 Visa（每秒一萬四千筆）、Master（每秒四萬筆）都感到很大的壓力。天貓的運算能力實在讓人非常驚奇，儼然已經成為一個綠色巨人。

而雙十一的物流系統也讓人十分讚嘆。在二〇一五年雙十一當天產生了四億六千萬個包裹，卻在一週內就全數派送完畢，原因正是天貓也和電商龍頭亞馬遜（Amazon）一樣運用大數據預測可能的銷量，提前將商品派送到倉庫，一旦有人下單便馬上出貨，這個方法同時加快了包裹的到貨速度。其實，這個技術過去是沃爾瑪公司（Walmart）最擅長的，如今已遠遠不及雙十一。

當然，天貓完整平台的建置也是促成雙十一成功的關鍵。這個平台不僅讓所有消費者和提供者都能參與、提供媒合服務，還建構了金流給付、廣告、展示商品……等機制。網路的即時性將所有買方、賣方集中在平台上，甚至是雙十一這件事，無怪乎雙十一當天就達到了平時一到兩個月的營業額。

雖然二〇一二年購買端由電腦轉移到行動裝置上，但天貓很快地在二〇一四年便將電商業務成功過度到移動端，而且年年創下銷售新高。其實中國有電腦的人很少，但有手機的人很多，這樣的轉變也提供天貓一個機會，讓過去沒機會上網買東西的人都能開始網購。

如果不是智慧型手機的盛行，這些人不會這麼快習慣購物，消費年齡層不會擴增這麼廣。momo在二〇一四年開始推廣手機APP，僅用了兩年半的時間，APP的營業額就高達總營業額的一半。在我看來，與其說是個變革，不如說這是個機會，而雙十一的成功正是能及時掌握機會。

《雙11》這本書詳述了雙十一如何成功地賣東西、做營銷、利用大數據、備貨等，非常適合希望在網路上創業、開店的人閱讀，這本書絕對是必備的參考材料。

推薦序

從雙十一看見未來經濟發展

高紅冰（阿里巴巴集團副總裁、阿里研究院院長）

中國互聯網[1]從來不缺少奇蹟，但雙十一絕對是最值得回味的一個。二〇一五年九百一十二億人民幣銷售額的聲音依然還在耳邊迴響，向新紀錄進發的號角已悄然吹響。

很多人都很關心，新的紀錄究竟是多少，但這個數字對中國的數字經濟來說，並不是最重要的，因為雙十一承載的價值和理想，已經遠遠大於一個單純的數字。

對消費者來說，雙十一是一個真正的購物狂歡節。中國的節日很多，唯獨沒有屬於消費者的節日，「三一五」只是消費者集中維護自身權利的一個節點，只有雙十一才是第一個在意義上真正屬於消費者的節日。在這一天，無數商家，包括線上的、線下的、中國的、國際的，都用盡渾身解數去取悅消費者，各種消費新花樣層出不窮，優惠程度也是全年最高，可以說，參與雙十一的中國消費者，幸福指數是提升的，並且隨著裡阿

1　中國所稱的「互聯網」即網際網路之意。

里雙十一的全球化，未來會有更多國家的消費者享受到這一福利。

對商家來說，雙十一是提振業績和品牌的最佳機會。有人說，雙十一是「拆東牆補西牆」，用前後幾個月的業績下降為代價，形成短時間的波峰效應，但實踐表明，雙十一對商家的業績提振具有非常顯著而積極的效果。中國互聯網絡信息中心（CNNIC）針對二〇一四年雙十一所做的調查研究表明，雙十一當天，臨時激發的新增消費占百分之三十五左右，對於商家來說，這是常規經營之外的寶貴增量。

對阿里來說，雙十一是整個阿里商業生態系統的一次大考。從物流到金融，從國內到跨境，從雲端運算到商家服務，雙十一可以說把阿里這台巨大的商業機器的潛能充分激發了出來，以二〇一五年雙十一為例，每秒八萬萬五千九百筆的交易峰值、四億多個包裹、百分之四十的包裹當天發貨、零故障加上零漏單的資料處理能力……，每一項資料都在刷新全球商業史上的紀錄，並且二〇一六年又再一次刷新。

對中國經濟來說，雙十一則是一個刺激內需的有效發動機。按照麥肯錫的統計，中國網路零售交易額的百分之三十九是新增消費，這一比例在中小城市和農村更高達百分之五十七，當把剁手黨[2]的腎上腺同國民經濟的增長脈搏聯繫在一起時，你會發現，雙十一代表的中國經濟增長三駕馬車中的消費力量，已經悄然成為奔跑最快、力量最足的一匹馬。

所以，雙十一不單純是一家網路企業的行銷活動，不單純是一個令人咋舌的數字，而是正在成為一個時代的符號、數字經濟崛起的風向標。

數字經濟的崛起，還有一個事件不容忽略。二〇一六年八月，全球市值排名前五大的公司，首次全部被互聯網企業所占據，分別是蘋果、Google、微軟、臉書、亞馬遜。而就在二〇一五年十一的排名中，只有一家互聯網企業進前五名，其餘為石油、銀行、零售（沃爾瑪）等傳統企業。

這是一個巨大的變化。從世界前五大互聯網企業的核心技術關注點來看，人類社會已經進入人工智慧時代，這讓我們重新思考互聯網的變革。數據改變人類，已經不是傳統意義上對某個結構的修修補補，而是顛覆和重塑。

二〇一六年十月舉辦的杭州雲棲大會上，馬雲提出了「五新」的理念，即新零售、新製造、新金融、新技術和新能源。這五個「新」將深刻影響中國、世界和所有人。

新零售：未來十年、二十年，新零售將取代電子商務這一概念，這是線上線下與現代物流結合在一起所創造出來的新零售業，這個模式將會對純電商和純線下帶來衝擊。

新製造：未來的製造業用的不是電，而是數據。個性化、客製化將成為主流，物聯網的變革將變為按需客製，人工智慧是大趨勢。

2　指沉溺於網絡購物的人群，以女生居多。

新金融：金融業過去是二八理論，未來是八二理論，如何支援百分之八十的中小企業和年輕人將成為重點。網路金融會使金融業變得更加透明、更加公平。基於數據的網路金融，才能做到真正的普惠金融。

新技術：互聯網行動化之後，所有基於個人電腦的技術都將被行動化，基於互聯網和大數據的誕生創造了無數想像。

新能源：就是數據。數據是人類第一次創造的資源，與衣服不同，數據是愈用愈值錢的東西。

《雙11》是深刻理解這五個「新」的最佳載體。讀懂這本書，看懂了雙十一，你也就看懂了未來中國經濟發展的脈絡和方向，發展數字經濟將是不二之選、必經之路。

台灣版作者序

商業的迴圈也是一種輪迴

秦嫣

二〇一六年天貓雙十一收關的成交額為一二〇七億元人民幣，當阿里巴巴公布這一數字時，作為曾是雙十一的親歷者，內心其實百感交集。已經記不得是哪一年的年會，馬雲說到，我們的大淘寶（淘寶、天貓、聚划算等阿里系下的電商業務平台集成）的成交規模要做到每天超過一千億元。一千億才能代表我們真正影響了傳統零售和傳統商業。這一刻終於實現了，就在雙十一走到第八個年頭的時候。

我想，這意謂著一個時代的開啟，也意謂著一個時代的終結。

前淘寶時代，電商是作為一個「非主流」的角色殺入零售領域，那時平台上的賣家很多來自線下的個體經營者，甚至不少並非專職。加上那時快遞速度很慢，服務亦未規範，往往一件包裹寄丟了也無處查詢。當時大品牌都不太願意融入電商模式，一方面為淘寶打亂了他們原先布局的銷售管道而耿耿於懷，另一方面對網路銷售能帶來的實際增量保持懷疑和觀望。

雙十一正是在那個時候誕生的，最初只是天貓（當時名為淘寶商城）一個例行公事般的年底促銷活動，誰也不曾料想到會有今天這樣驚人的規模和影響力。但這八年來，雙十一隨著電商在中國商業地位的不斷穩固而迅速升格，至今已成為整個電商系統中每個商業主體都自發參與的一場盛會，同時也在不知不覺中成為一個商業符號，愈來愈廣、愈來愈深地影響著線上和線下的商家以及全世界的消費者。

阿里巴巴之所以能成就雙十一，是因為除了淘寶和天貓之外還搭建了更底層的平台，也就是所謂的「互聯網基礎設施」，這些設施讓上億的人能同時線上完成快速交易和支付，讓無數包裹能在短時間內準確傳遞和運輸。而電商能在中國收穫卻未在全世界其他地方收穫到巨大成就，很大程度是因為在這裡遇到了千載難逢的時代契機。

在電商到來前，中國的零售業態並不完備，對一般消費者來說，不僅商品豐富度、購物便利性不高，當時並沒有一套清晰、透明的商業信用體系對消費行為做出保障。隨著經濟水準提高，十幾億人的消費需求就擺在那裡，我們常說，阿里巴巴的成功其實是吃到兩個紅利，一個是中國人口的紅利，另一個是商業發展過程中的代際紅利。

互聯網讓一切變得更快，過去一個時代的更迭要歷經上百年，現在也許只需一瞬間。雙十一在二〇一五、一六年迎來自己的頂峰，也有可能馬上迎來高速上升期的終結。電商剛剛向傳統零售證明了自己價值的同時，也在走向「傳統」。當線上支付、雲端服務、智慧物流等基礎設施成就自己的體系後，這世上將不再有一家傳統企業，也不會再有一家互聯網企業。以互聯網技術為核心優勢的企業需要找到自己的實業根基（或是技術或是實體商業），每個經營者都可藉由互聯網實現自己的生意路徑，每一位消費者都能透過線上和線下的豐富體驗找到自己的樂趣。

下一個輪迴即將開啟，勝出者可能是那些真正理解消費需求、更注重個性體驗的人，不管來自線上還是線下，是由文化帶動（網紅模式、內容電商模式）還是由需求場景帶動（虛擬實境購物），個人以為，這就是馬雲多次提到的「新零售」。

台灣看似錯過了電商急劇發展的時機，但台灣的工業積累、商業文明程度及文化底蘊，可能會和下一個輪迴情投意合。

目錄

Chapter

1

雙十一
背後的商業本質

要將一個普通的商業行為孕育得如雙十一這樣既有自我運行的內在動力，又能形成龐大的規模效應，一定是因為這個商業行為合乎商業本質規律，而且本身有著良好的商業基因。

有人說，雙十一是人造節日，集中了太多的不理性消費，甚至正常的消費行為也被透支；也有人說，雙十一用「便宜」廣泛地打擊了很多品牌和商業實體，甚至為實體經濟帶來衝擊。

就像很多新生事物一樣，初期都與部分已有的秩序產生矛盾甚或形成衝擊。如果今天的雙十一仍與當初剛發起時一樣，只是淘寶商城（當時的天貓）內部一個節慶的打折活動，我們或許仍然可以去評價它的某些策略是否刻意引導了過度消費，或者某些做法是否刻意從別處搶奪消費者。但放眼雙十一今天的規模，除了阿里體系電商平台的推動力，很大程度源於消費者和商家的自發性參與，就像《史記・貨殖列傳》中說的：「若水之趨下，日夜無休時，不召而自來。」數以億計的消費行為在某些規律的驅使下自然發生和完成。

要將一個普通的商業行為孕育得如雙十一這樣既有自我運行的內在動力，又能形成龐大的規模效應，一定是因為這個商業行為合乎商業本質規律，而且本身有著良好的商業基因。那麼，要研究雙十一成功的機制，讓我們從裡到外、從本質說起。

為什麼選擇「十一月十一日」？

其實，十一月並不是一個理想的檔期。

這幾年，不管是實體商場還是網路商店，做打折促銷活動好像都不用挑日子了，隨便找個理由都可以做。對有些商店和品牌來說，打折，至少是部分商品打折，已經是常態，因此在一家店裡購物卻完全享受不到折扣，反倒成了少有的事情。但如果做一個購物節，大家還是會傾向於選擇一個已有的節假日作為檔期，因為節假日通常有著濃厚的文化屬性和深遠的積累，一般消費者對其有著強烈的心理認同。同時，通常這些節日本身就有消費需求，比如中國人的春節、外國人的耶誕節，大家要買年貨、購買走親訪友的禮物。節假日還意謂著大家有了一些空閒時光，而消費是人們在這些空閒時光裡十分重要的活動。所以，借助一個已有的節日做大型促銷活動會比較容易成功，而這也是以往大多數人的選擇。

下半年是零售的高峰

整個十一月，除了已被美國人用掉的感恩節，其實並沒有一個正經的節日。對傳統零售業來說，十一月是一個「夾生」的時段。十月有國慶七天黃金假期，人們大多會做三件事，即旅行、娛樂和消費，於是，線上線下乃至整個社會都會做各種促銷，林林總總的打折活動一般會持續半個月，在消耗了消費者大量的需求和精力後，十月剩下的日子大概不會再有機會挖掘出有爆發力的消費需求。十二月，碰上耶誕節加元旦，毋庸置疑是所有商家緊盯的一個檔期，連天貓的同胞兄弟淘寶也把每年最大型促銷活動牢牢綁在這個時候，如果這時天貓再跳進去，必定會面對相當激烈的競爭狀況，即使拚盡全力，能掌握的消費力空間應該不會很大。

但是，必須是下半年，準確來講，必須是第四季。

做過零售的人都知道，零售業的高峰基本上在下半年，單就客單價而言，很多品類下半年的客單價比上半年高出許多，尤其是第四季，比如同一品牌的服裝，春夏休閒衫的均價可能僅幾十元人民幣，而冬季羽絨衣和毛呢大衣的均價則起碼幾百元人民幣。因此，如果希望透過購物節取得盡可能大的交易規模，還是得在下半年舉辦，而且是在第四季做選擇。

在此條件下，就只能選擇十一月。在阿里巴巴的幾年工作經驗告訴我們，很多商業決策並不需要用盡全身力氣去想，也不需要有比別人聰明的腦袋，答案早就存在，只要盡量保持客觀和冷靜，並且有抽絲剝繭的耐心，等找到所有的影響因素並仔細衡量利弊，就可以撥開雲霧遇到它了。

至於要選擇十一月的哪一天，傳說中是逍遙子（即阿里巴巴現任首席執行官張勇）一拍大腿就決定的，但我們可以猜到，他可能會基於一些考量，比如十一月比較普及的節日只有月底的感恩節，但中國對這個節日的接受程度有限，而且和十二月貼得太近，也就是和線上線下各種促銷到來之前的預熱太接近，到時候，天貓的聲音就容易淹沒在很多類似的購物節當中，向消費者準確傳遞天貓購物節獨特之處的成本也會成倍變高。

而在中旬和上旬，有「11·11」這麼一個日子，雖然不是傳統節日，但它在網友中具備一定的認知度，當時大家在網路上用這個日子調侃單身青年已有幾年，所以它可以有噱頭，再加上由四個「一」組成的日子具有很高的辨識度，容易讓人一下子就記住。因此，「11·11」成了天貓最好的選擇。

如果天貓選的是一個既定的節日，那麼就有既定的消費習慣可以作為購物節整個市場的啟動點，比如阿里巴巴後來在過年時做的「年貨節」就是這個模式。但雙十一和一般節日不同的是，它沒有既定的消費需求，對於消費者為何要選擇這個時間來天貓買東西、為何有那麼多消費者同時做出同樣的選擇，必須提供一個消費支點，讓一般消費者在整個購物節裡擁有進行消費的最初動因和最大理由。這個支點要靠天貓自行去發現，並透過整合供應鏈和做好整體的市場策略，找到並推動形成真正的消費力。如果沒能找到那個支點、激發出消費力潛能，就不足以支撐雙十一超越常規的打折活動，並且形成今天這樣有內在生命力的大型購物節。

創造消費需求

雖然十一月不是傳統零售的旺季，但並不意謂著就沒有潛在的消費需求，只要我們仔細思考也不難發現，十一月真實存在的消費需求還有很大的發掘空間。十一月，北方已進入冬季，而華東以南地區正是深秋換季的高峰，大家要買的東西可以有很多，從家

> 很多商業決策並不需要用盡全身力氣去想，也不需要有比別人聰明的腦袋，只要盡量保持客觀和冷靜，並且有抽絲剝繭的耐心。

裡的棉拖鞋到各種冬裝，甚至冬日進補食材。這個時間同時也接近年底，如果做好品類布局，還可以把一部分年底的購物需求也提前到這個時間。可以說，十一月有一塊未經開拓但十分開闊的消費力「腹地」。

但另一方面，因為十一月不是旺季，品牌商、通路商及其供應鏈都沒有在十一月做大規模促銷的經驗，大家的商品從設計、選品到生產、庫存，沒有一樣是為雙十一做好準備。因此，突然要讓商家在此時達到能夠滿足大型購物節需求的供給，一定會出現問題。有些商家會出現選品和庫存準備方面的問題，因為原本品項設計上適合在這個季節大量發售的款式和型號不多，數量也不會那麼多；有些商家則可能出現服務能力不足的問題，後來像「李寧」[1]這樣的品牌，也出現過短時間內跟不上服務能力、大量訂單無法及時發出去的問題。這個風險是執行層面的事情。當我們在形成一定的商業決策之前，必須先分辨哪些因素和情勢、環境、條件等密切相關，並在我們給出選項和進行選擇時充分考慮清楚。然而了解哪些風險存在，卻是可以在執行過程中漸次得以解決的，這也非常重要，它有利於我們將決策和執行策略更緊密地結合在一起，防止出現決策和執行的斷層，但我們仍須學會判斷出哪些問題會影響決策本身，而哪些不會。

天貓頂著重重困難，最終決定選擇「十一月十一日」這個和購物沒有一丁點關係的日子。儘管如此，還是有一個好處，就是我們可以重新定義它。如果選擇一個大家都會選的節日，或許在起點上不會那麼吃力，一開始就能獲得看似極佳的銷售業績，但這麼做也意謂著我們放棄了獨樹一幟的機會，選擇為一堆已經燒起來的火堆添柴，在別人的光芒裡燃燒消散自己的能力；而選擇一個僅僅屬於自己的日子，就是自己點火堆，只要它稍一成事，就會有人來幫忙添柴增勢，最終凝聚成光輝而獲大眾認知、被大眾記住。

天貓雙十一之後，各電商平台，尤其是稍大型的電商平台也開始造節，單純從打折程度來比較，比雙十一折扣更高的也不是沒有，但客觀來說，從規模、普及程度和持續力等各方面都沒有雙十一成功。從時間的選擇方面來比較，雙十一更容易涵蓋到廣泛的品項，執行過程中能帶動和影響的行業和品牌更多，而從各自找到的消費支點從而啟動的消費空間來比較，雙十一也具有更明顯的天然優勢。

促成雙十一的最大推手——逍遙子

逍遙子（阿里巴巴內部人稱「老逍」），阿里巴巴集團現任首席執行官，本名張勇，二〇〇七年八月加入阿里巴巴集團，擔任淘寶網首席財務官，參與設計淘寶

1 中國前體操選手李寧創立的品牌，是中國最大的體育用品供應商。

形成一定的商業決策之前，必須先分辨哪些因素和情勢、環境、條件等密切相關，並在給出選項和進行選擇時充分考慮清楚。

商業模式，幫助淘寶在二〇〇九年年底實現盈利。

二〇〇八年，逍遙子兼任淘寶網首席營運官及淘寶商城總經理。在他的帶領下，B2C（企業到用戶的電子商務模式）平台淘寶商城逐漸明確了自身定位，成為阿里巴巴集團最重要的業務之一。二〇〇九年，逍遙子親手啟動了第一屆雙十一，透過幾年的持續推動，使雙十一成為全球最大的購物節。二〇一一年，天貓成為獨立業務後，逍遙子出任總裁，天貓目前已是全球最大的B2C平台之一。

二〇一三年九月起擔任阿里巴巴集團首席營運官，負責阿里巴巴國內和國際業務的營運，帶領公司成功向行動網路轉型，建立全球物流平台「菜鳥網絡」，並推出讓中國消費者購買全球品牌商品的平台「天貓國際」。作為行動轉型的一部分，手機淘寶已成為全球最大的行動消費生活平台。他還主導了阿里巴巴集團多項重要戰略投資，包括蘇甯雲商、海爾電器、銀泰商業集團、新加坡郵政等。

目前逍遙子身兼多職，除擔任阿里巴巴集團首席執行官、阿里巴巴集團董事局董事、阿里巴巴合夥人之外，還同時擔任美國和香港多家上市公司的董事，包括海爾電器、銀泰商業集團和微博等。二〇一五年五月，逍遙子兼任銀泰商業集團董事局主席，同年九月，兼任阿里體育集團董事長。

在加入阿里巴巴集團之前，逍遙子於二〇〇五至〇七年間擔任盛大互動娛樂有限公司（線上遊戲開發和營運商）的首席財務官，該公司已於納斯達克上市。在此之前，他曾於上海普華永道會計師事務所擔任審計和企業諮詢部門資深經理。

印象中，逍遙子具有兩個顯著特點，一個是精力旺盛、不知疲倦；另一個是思路縝密，一言切中要害。二〇一〇年，他在擔任淘寶商城總經理時，我曾因多項商城業務規則及雙十一規則的事務向他做過彙報，對於他能快速從紛繁複雜的細節中找到癥結和要害、理解具體業務環境中的困難和摩擦，並且給出最理想的判斷，印象非常深刻。

也許只有天貓可以成就雙十一

也許有些書會傳達一種訊息，只要你做到哪些，你就可以像誰那樣獲得什麼樣的成功。我們不去評價那些道理對不對或有沒有用，反正看得多的人也不一定能成功。

其實在很多成功的案例中，天時地利這樣的客觀因素一直有著十分重要的作用，雙十一也不例外。在說明它為什麼成功以及做了什麼之前，有必要先行剖析這些因素，因為一個完整的商業行為必然包含了「判斷」和「選擇」。判斷包括看清楚方向、勢態、自我位置和競爭位置，也包括看清楚機會和危機；選擇則是基於以上的「看清楚」，找

“一個完整的商業行為必然包含了「判斷」和「選擇」。”

到一條最適合自己的路徑。判斷和選擇是一切的開始，有時候在後面所做的一切，再勤奮、再努力或者再具創造力、再巧妙，也很難擺脫開始的判斷和選擇。當然，如果開始是對的，後面所做的事情就有可能全部成為加分項，如同雙十一。

大平台，是雙十一成功的必要條件

換成其他網路商城或任何一個電商平台，雙十一可能也會成為一個具有一定規模和生命力、可以延續多年的單平台網購折扣活動，但絕不可能像今天這樣成為全民主動參與的狂歡盛會。

這首先是天貓的基因所決定的。天貓的基因是淘寶，是大平台基因，這種基因表現出來的最顯著特徵，就是豐富的品類和極富延展性的交易類型。天貓從一開始就拿著全部品類來組織雙十一，因此，當雙十一向所有消費者傳達「便宜」訊息的同時，還傳達了「這一天，什麼東西都便宜」的訊息，這和淘寶最早的廣告語「只有你想不到，沒有你淘不到」所切中的消費者需求，在很大程度上是一樣的。同樣的，也是「這一天，什麼東西都便宜」的口號讓消費者有了瘋狂血拚的理由、有了狂歡的基調、有了雙十一的整體氛圍。

如果我們把雙十一切換到其他類型化突出或某個從垂直品類起家的平台上，那麼它吸引消費者注意力的原因會更具針對性，消費者進場的目的也相對明確，可能這類活動在獲取特定用戶方面需要付出的成本較小，但也因為動機相對單一，被吸引過來的消費者數量可能就會比較有限。

比如「京東六一八」購物節，據網上公布的部分交易資訊推算，二〇一三年的交易額約在十七億元人民幣，二〇一四年為三十四億元人民幣（成長了百分之百），二〇一五年達六十八億元人民幣（也是百分之百成長），雖然京東這些年不斷拓展品類，特別是以平台化的方式拓展了更多行業和交易類型，但仍有約百分之六十的交易來自自營模組，一半以上的交易來自京東的強項品類３Ｃ數位產品（指通訊產品、電腦產品、消費類電子產品等三類產品）和電器。現階段的京東六一八和雙十一相比，一個更像是京東的店慶購物節，而另一個則是全體網民的狂歡節。而且，京東要把「六一八」做得像雙十一，不但要不斷加強自身的豐富性，還有可能需要刻意削弱自己「網路電器商城」的外在形象。很多類型化突出的應用程式在用戶量達到一定數量之後，就很難再在用戶量方面持續增長。

天貓的品牌與消費心理策略

天貓的豐富性沿襲自淘寶，它和逐步擴展成全品類的平台最大的區別在於，消費者很自然或者早就習慣天貓應該什麼都有。所以，對於天貓打出的「全場五折」，消費者可能不需要提醒，就能自然想到很多他們要買的東西在那一天會比較便宜。而對於一個

“如果開始是對的，後面所做的事情就有可能全部成為加分項，如同雙十一。”

原來立足於某個垂直品類或某種消費場景的平台，它要讓消費者認知到，在它的購物節裡也能享受到很多不同品類商品的折扣，要付出的代價比天貓多得多。

天貓所提供的豐富性，不但使懷著各自目的進場的消費者都能在這天如願以償，還能使已經進場的消費者比較容易跳脫自己原來的目的，讓消費需求在更大的範圍內得以滿足。舉例來說，在天貓的品類中有一類是電話費儲值，阿里系通常稱這種品類的交易為「虛擬交易」，因為交易過程全無實體商品參與。出於對網路交易安全等其他因素的考慮，一般情況下，天貓在雙十一之前所發出的紅包是不被允許使用於這個品類，當然這個品類的商品也不會出現高折扣，即使如此，每逢雙十一，話費儲值品類的交易額都會刷出新高。

其次，天貓所選擇的「消費者心智」使它成為雙十一絕佳的土壤。「消費者心智」是什麼？我們可以透過比較天貓和淘寶來加以說明。淘寶給所有消費者留下的印象大概是這兩個：只要想買什麼都能買到，以及在淘寶上買總比在實體商店買便宜。這是最初的印象，也是淘寶最深入人心的印象。這就是所謂的消費者心智。用概括性的語言來描述，大概就是在消費者眼中，某一個商業體讓他們願意為之付出對價的最簡單、最直接的原因是什麼。而天貓選擇的消費者心智和淘寶是有區別的。

一開始，淘寶上賣得好的商品就體現出一些共同性，一個是比我們在實體商店裡買要便宜，另一個是這種東西比較不常見，實體商店裡不太能找到，或者要花很大力氣才能找到，這兩點剛好能補足當時實體商店沒能滿足的消費者需求。反觀淘寶的發展歷程，最早開花的是3C數位產品，特別是電腦配件，也就是二〇〇四年前後使用的個人電腦，比起品牌電腦，很多人更願意選擇價格相對實惠的組裝機，於是選擇購買各種配件自己組裝。相較於當時實體的電腦賣場，淘寶上有更多選擇和更實惠的價格，所以當時這個品類成了淘寶的第一大品類。透過這一點，我們也可看到淘寶在消費者心目中最突出的印象是「便宜」，以及「淘到實體商店不容易淘的貨」。

電商發展到二〇〇八年，有更多人開始習慣網購，並用網購代替以前的消費方式，網購逐漸涵蓋了人們的各種日常所需，這時，大家對網購的期待和要求也愈來愈多。例如，消費者在購買大型家電時，便希望能在網上挑好品牌型號，然後由商家直接送貨上門，甚至幫忙安裝；另外像是購買生鮮、油鹽醬醋時，不願意自己當搬運工，而希望挑齊了商品有人來配送，還希望不管是從這個世界哪個角落運來的都是最新鮮的；還有如購買食品時，不再只圖口感、新鮮感，更要求吃下去的食品是安全的……。總之，消費者升級後的需求就是要求商品有保障，服務好且全面，而天貓選擇的消費者心智正是這個：正規品牌和服務保障。

假設雙十一由淘寶來主導，同樣是全場五折，對消費者的吸引力不會比天貓來得大。因為淘寶上大多數的商品都沒有品牌，這些商品在消費者心中缺少確定性的認知，甚至缺乏參照，即使這一天的價格再低，消費者也不知道當前的價格到底等同於多大的

“消費者升級後的需求就是要求商品有保障，服務好且全面，
天貓選擇的消費者心智正是這個：正規品牌和服務保障。”

「優惠」，在短時間內形成購買決策的可能性就會大大降低。這也是我認為淘寶的「雙十二」始終沒有超越雙十一的規模和影響力的原因，如果雙十二繼續以現在的方式進行，也不會有機會成為另一個雙十一。

天貓則不同，而且隨著各種知名品牌進駐天貓，以及電商自有品牌對自身的不斷強化，消費者對於在這一天買到的商品品質是否牢靠、服務和保障是否全面、價格優惠程度是否誘人，會產生愈來愈清晰的判斷。而這一確定性使得更多人願意在十一月十一日這天花錢，花錢的過程也愈來愈不需要遲疑。

二〇〇九年幾乎是雙十一最恰當的開端

表1是十年來網路零售總額及網路零售在全社會消費品零售中的占比統計。把這兩組數據畫成折線圖（參圖1和圖2），可以更清楚看到趨勢。

數據中有小部分是由公開資料及相關研究結果推導得出，但仍可從中看到趨勢。在二〇〇八年之前，雖然網路零售發展得較快，但在社會消費品零售當中所占的比例還不到百分之一，二〇〇八年之後，這兩條曲線都表現出比前幾年更瘋狂的增長率。從今天反觀歷史，我們大概可以判斷出，二〇〇八年是網購真正從「一小部分人的新鮮玩意」走向大眾的轉折點，就是在這個時間點上，網購開始真正走進我們的日常生活。

阿里巴巴在當時有沒有判斷出這個趨勢？肯定是有的。讓我們來看一下它的判斷依

表 1 網路零售總額

年份	網路零售總額（億元，人民幣）	網購規模占社會消費品零售總額的比例
2005 年	83.2	0.12%
2006 年	208	0.27%
2007 年	250	0.58%
2008 年	1300	1.20%
2009 年	2600	2.07%
2010 年	5141	3.27%
2011 年	8019	4.42%
2012 年	13306	6.33%
2013 年	18851	7.93%
2014 年	27898	10.63%
2015 年	38773	12.88%

以上數據，各年社會消費品零售總額、2008 年及之後的網路零售總額均來自網路公開資料，但 2005-2007 年的網路零售總額在網路公開數據中難以查證，表中數據是按照「從 2003-2011 年，中國網路零售市場的平均增長速度是 120%」（引自「中國產業洞察網」2014 年 7 月 2 日發布的《中國網路零售市場規模增長趨勢》）推導所得。

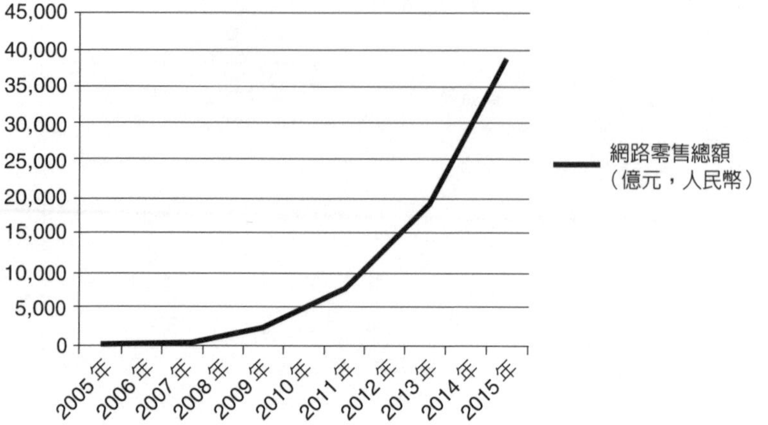

圖 1 網路零售總額趨勢

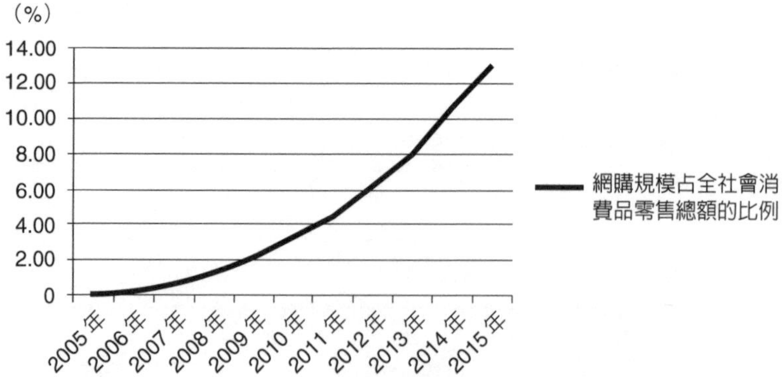

圖 2 網購規模占比圖

據。表2是淘寶註冊用戶的變化情況、當年的中國網民數量以及對應年份中國十五至六十五歲的人口數量。

雖然這三組數據的統計標準可能存在差異，我們並不能把它們放在一起計算占比，而且在網路公開數據中未能查實二〇一一和一二年淘寶的註冊用戶數，但把這三組數據放在一起看，我們還是可以大致判斷出來，無論是互聯網在中國的發展速度，還是網購的發展速度，都是從二〇〇八年開始表現出一種非常明顯的「快速普及」姿態。當我們站在二〇〇八年這個時間點上，至少可以得到這樣的判斷：按照這樣的速度發展下去，電商在前面五、六年所累積的勢能，將在未來二到三年得以爆發；假設我們未來兩年沒能把握住市場極速擴張帶來的機會，沒有用適當的方法解決這個過程中出現的各種比前幾年更複雜的問題，我們可能就會在瞬間失去所有的優勢。

這些趨勢和局面，阿里巴巴大概在二〇〇七年就已經有所判斷，於是，二〇〇八年，天貓成立，因為只有天貓可以用品質保障打開更大層面的消費群體。至於規畫像雙十一這樣大型的購物節，最好的時間當然是在二〇〇九年，一來經過一年多的營運，天貓已然擁有獨立組織這種大型活動的能力；二來這個時間可以順勢把大量正逐步接受網購的人，透過這個大型購物節帶入天貓這個平台，讓很多人在一開始就對雙十一和天貓有深刻印象和明確好感。

表 2 淘寶網用戶數

年份	淘寶網註冊用戶數（億，人民幣）	中國網民數量（億）	15-64 歲人口數（億，人民幣）
2003 年	0.023	0.79	9.09
2004 年	0.04	0.94	9.22
2005 年	0.1	1.11	9.42
2006 年	0.3	1.37	9.51
2007 年	0.53	2.1	9.58
2008 年	1	2.98	9.67
2009 年	1.4	3.84	9.75
2010 年	3.7	4.57	9.99
2011 年	查無實據	5.13	10.03
2012 年	查無實據	5.64	10.04
2013 年	5	6.18	10.06

爆發性的活動能在競爭中鎖定戰局

早在一九九九年，B2C就在中國互聯網興起，但第一批B2C業務，概念多於模式。由於當時投資市場泡沫橫飛，很多B2C項目被熱錢推動而生，但因與市場的成長規律並不匹配，大多在短短幾年內倒閉。二〇〇四年，以細分市場為業務目標的B2C開始復甦，當時具有指標意義的事件就是亞馬遜收購了卓越網。行業內通常認為，這說明資本仍持續看好中國網購市場的未來，但各種投資方也開始回歸理性，一方面從盲目的投入轉變成側重於資本和資源的整合，另一方面對於有核心競爭力的B2C業務更具耐心。

B2C真正進入高速發展，是從二〇〇八年開始，而這可能真的和該年的全球金融危機有關。由於中國網路零售正以一種蓬勃的姿態向前發展，在電商所能涵蓋到的領域，金融危機的影響明顯減弱，而且隨著電商和各個行業發展結合得更廣、更深，充分利用B2C模式成了很多企業度過經濟寒冬的重要選擇。因此，二〇〇八年投資機構對中國電子商務行業的關注度不降反升，其中，B2C行業無論在投資案例數量或投資金額，都呈現快速增長趨勢。二〇〇八年，凡客、麥考林分別獲得兩千萬美元和八千萬美元的資本注入；二〇〇九年一月，京東獲得來自今日資本、雄牛資本以及亞洲著名投資銀行家梁伯韜先生私人公司共計二千一百萬美元的聯合注資。第二波B2C的投資熱潮到來，同時，B2C行業也開始真正的競爭和廝殺。

二〇〇九年前後，網上的B2C名錄中，登記在案的網站超過兩百家，既有跨品類以平台模式經營的B2C，也有專注於某個細分市場全部商品自營的B2C，總共二十多個類別，幾乎遍布各個行業。那些曾在名錄上出現、今天仍健在的「成功者」不到原來的一半，可見當時競爭確實激烈。

也就是說，天貓當時的外部競爭環境和淘寶很不一樣。天貓從出生那天起，就要直接面對這種大大小小競爭對手環繞身旁的局面。雖然在眾多B2C當中，模式和天貓相同的沒幾家，能達到與天貓類似品類豐富程度和平台規模的更是沒有，但天貓面對的競爭有可能是蠶食性的，在每一個品類上幾乎都有人在虎視眈眈，隨時想把用戶的這部分需求從你的平台上撬走，只要幾個方位失守，天貓就可能出現整體性的潰敗。

很多人都把天貓的成功歸功於淘寶帶來的流量，就連阿里巴巴內部也有不少人這麼認為。我對此持相當的保留態度。淘寶為天貓引流，在淘寶站內的搜索結果中把天貓商品放到前排，這的確是事實，但淘寶這麼做也符合淘寶在業務導向上的需求，它希望消費者在搜索結果中優先看到商品品質、服務品質相對有明確保障的商品，以此來滿足消費者在「保障」方面日益增長的需求。同時，如果天貓沒能好好滿足因此受到吸引的消費者，應該早就被淘寶從主站內的路徑中踢走了，或者已成為阿里巴巴眾多嘗試過又消失的其中一個業務。

當然，來自淘寶源源不斷的流量支持，確實是天貓相較於外部競爭者的優勢。天貓要做的是如何把這些消費者的需求有效轉換成實際消費，把習慣在淘寶購物的人轉變成天貓的用戶。前面所說的天貓選擇「消費者心智」非常重要，而且天貓把要為消費者提供品質保障這一點貫徹得非常徹底，從招商、商品資訊的管理到選擇優先展現什麼樣的商品，以及商家給消費者再到如何激勵商家不斷提升服務，每個細節都體現了天貓就是要給消費者更有保障的網購體驗。正是這一點，讓消費者逐漸認識到，至少有些東西必須要上天貓去買。讓消費者形成這種認識和慣性，是天貓在殘酷的B2C競爭中獲勝的第一步。

而真正讓天貓從纏鬥中突圍的，是雙十一。雙十一首先讓原本就已經熟悉淘寶的用戶認識了天貓，感受到天貓和淘寶的不同，逐漸把以前沒在淘寶轉換成網購的現實消費需求放到了天貓；雙十一讓各種外部B2C的用戶知道，他們在天貓能真正實現一站式購齊，不但平時購物很方便，在瘋狂打折時也能想買什麼就買什麼，這讓他們很容易從別的B2C平台跳槽過來，但要離開就很難。雙十一讓更多以前從未網購過的消費者開始動作，讓他們從雙十一開始網購、從天貓開始網購，從一開始就習慣於天貓、淘寶這種阿里系大平台的購物路徑。最後一點也是雙十一最大的貢獻，甚至可以說，雙十一在為天貓打開局面的同時，也不斷為淘寶鞏固江湖地位。

做一個讓天下人都知道的購物節，就是在常規戰役之外打一場戰略突破戰，它不但能讓一個商業體在競爭中突出重圍，還能讓它真正與對手拉開差距。

“做一個讓天下人都知道的購物節，就是在常規戰役之外打一場戰略突破戰，讓它真正與對手拉開差距。”

即使無法複製，依然可以借鑑

雖然雙十一的成功有著天時、地利甚至人和的種種客觀原因，換個主體或換個時間也許都成就不了今天的雙十一。但天貓所做的種種選擇，就已經足夠我們深思和借鑑。

首先，如前所述，天貓選擇的「消費者心智」是天貓平台得以良性發展的基礎，也是雙十一能獲得眾多消費者青睞的一個重要內在因素。這種選擇並非平白無故做出的，而須對網路消費發展趨勢做出超前的判斷、對消費者心理進行深入洞察，同時至少須大致掌握平台切入各個行業時的執行難度。而且，要將「消費者心智」充分融入各個模組裡，體現到各種細節之中，否則在平台服務輸出到消費者認知的過程中，它所代表的用戶價值就一定會大打折扣。

就像雙十一，選擇合適的起始時間是所有商業體都要學習的事。即使我們做對事情，卻選擇在一個行業或一個領域的困頓期甚至下降期進入，我們很有可能事倍功半，甚至不得不隨著整個行業一起倒退。即使我們找到富有創造力的新方式，甚至找到突破的關鍵，也需要等待合適的時機，既不能等到大家都衝進來之後，也不能早大家太多。

什麼是合適的時間？直到目前，我的答案是這樣的：當我們覺得做一件事有意思或有價值，至少自己會為它埋單；同時我們也發現，我們不需要向大眾使勁推銷，當愈來愈多的人一聽說這個主意就輕易接受，可以判斷我們所想的這件事可能是對的，時間點也接近。相反的，若在某個方向苦苦堅持，用了很大力氣還是收效甚微，這時就需要抬頭看看市場局面及時機。和市場一起成長，才是所有商業體最好的選擇。

逆水行舟這種事，適用於探險，不適用於創業。

低價及其商業邏輯

雙十一從第一年開始就打出了「全場五折」的旗號，雖然在具體的執行過程中，落實到每個品牌、每位商家、每件商品上，五折的實現程度始終有些許偏差，但雙十一便宜、低價，幾乎成了全社會的共識。是「全場五折」給雙十一注入了這個基因，在初期為雙十一打開局面極有助力。

「全場五折」啓動消費者購物動機

前面說天貓選擇十一月作為檔期的原因時提到，我們必須為消費者在此時到天貓購物找到強而有力的動機。「全場五折」就是這個原始動機的一部分。這個時間在天貓買東西，可以比平時或到其他地方買都便宜很多，使得很多人會把購物需求累積到這個時間才去買，也使得很多人在這個時間臨時決定買下更多東西，反正比平時便宜，買了也不吃虧。「全場五折」涵蓋的品類愈多、範圍愈大，能激發出來的消費動機就愈強。

眾所周知，雙十一壯大的這幾年也是中國網購市場不斷擴張時期，雙十一在普及網

“ 逆水行舟這種事，適用於探險，不適用於創業。 ”

購過程中功不可沒，其中厥功甚偉的還是「全場五折」，因為它降低了很多人初次嘗試網購的門檻。早期因看不到實物、售後保障環節不成熟以及商家和商品魚龍混雜，很多人對網購還是望而卻步。但雙十一把價格放低，天貓則做好品質和保障好，這讓很多人不但有了網購的衝動，還降低試錯的成本和風險。許多人的網購經驗都是從雙十一開始的，每一年從雙十一預熱開始，到整個活動週期結束後一段時間內，天貓、淘寶的註冊用戶數和有線上購買行為的買家數量，都會出現一條斜率很大的增長曲線。

近幾年來，天貓反覆嘗試在「全場五折」以外為雙十一增添更多外延和內涵，比如「不止五折」之類的標語，但「五折」依舊深入人心，而且正是「全場五折」為雙十一帶來狂歡節般的氛圍。五折讓更多人入場，讓大家都能在雙十一找到買東西的動力。消費者買東西的決策過程變得更短，買的東西也愈來愈多，不只是像平時那樣邊逛邊買，也不只是進場購買所需，而是現在需要的、將來一段時間需要的、自己需要的、家人需要的甚至不知道是否需要的，總之價格有吸引力的統統買下。這才是真正的「掃貨」。

低價不是唯一吸引力

二〇一五年的雙十一之前，媒體上曾出現一些聲討雙十一的聲音，其中一條重要的罪狀是：「低價競爭」衝擊了實體商店，又為網路的銷售製造不良的競爭環境。

這條罪狀看起來義正辭嚴，實際上卻沒有什麼道理。首先，「五折」並非雙十一發明的，甚至不是電商發明的。其實早在九〇年代末期，銀泰商場就做過類似的事，大概連續五、六年，每年銀泰店慶都會推出類似的促銷，先是「全場五折」，後來改成「滿千減五百」，再後來又改成「滿千送五百」等。其次，低價確實對消費者構成強大的吸引力，但不是唯一的吸引力。今天，假設銀泰商場繼續做類似全場五折的店慶促銷，還能再現當年的熱鬧場面嗎？肯定不會。

比起任何一個實體賣場的促銷活動，雙十一所能涵蓋到的品類和品牌都要多得多。時至今日，雙十一可說是全品類的狂歡節，想買什麼就買什麼，買什麼都比平時便宜，這對消費者的吸引力比單純低價大得多。而且這時掃貨更方便，不用排隊，買完後也不必擔心怎麼拿回家和途中的交通問題，不用耗費體力，甚至不用擔心上門安裝服務等問題。和實體商店購物相比，手指在手機螢幕上劃幾下，或者用滑鼠在電腦前點幾下，顯然更加輕鬆、簡便。

每一年雙十一從預熱時開始，就會有一系列互動活動，例如充支付寶贏現金紅包、玩遊戲得紅包等，雖然把這些遊戲、互動全部玩了過之後，拿到的紅包總金額最多不過幾十元人民幣，但大家都玩得很投入、愉快。我有個朋友這麼形容：為什麼雙十一搶紅包明明只搶到一元，我們卻像中了一萬元彩券那樣高興？我想這和遊戲設計本身的趣味有著密不可分的關係，其實，這和網路遊戲中幾個朋友一起組隊打怪是一樣的，互動性和參與感都很強，試想如果身邊朋友都抽到紅包，你是否也會想抽到一個？如果身邊朋

“「全場五折」讓更多人入場，消費者買東西的決策過程變得更短，買的東西也愈來愈多，總之價格有吸引力的統統買下。這才是真正的「掃貨」。”

友都沒抽中或只抽到一、兩元，而你卻拿到五十元紅包，會是什麼樣的心情？

所以，價格便宜確實是雙十一很重要的吸引力，但這只是其中一個吸引人的因素。打個比方，便宜和雙十一的關係，就好像女人的外貌對於女人的意義，一個女人的臉蛋和身材，通常決定了男人是否願意花時間去了解她的個性和思想，但她的個性和思想決定了男人會不會否決掉她美麗的外在。

低價不是電商的原罪

直到今天，仍有不少人認為網購就是買便宜貨，常常會把「便宜」和「假貨」甚至「不正當競爭」畫上等號，認為如果不是這類不正當的原因，低價就無從談起。

在我們評論低價的正義性和非正義性之前，應該先來認識它的機制。價格高低是相對的，對照網購和實體購買，網購的低價格是相對於傳統零售管道來說的。那麼，為什麼傳統零售管道的價格相對較高，以及傳統零售價格是由哪些部分組成？如果把商品離開生產工廠的那一刻作為起點，價格的基本構成如下：

零售價格＝出廠價格＋通路成本＋通路利潤＋終端零售成本＋終端零售利潤

為什麼會有這樣的價格構成呢？這是因為傳統零售管道的分布是樹狀結構，品牌商必須藉由分布於各地的通路商，將商品送達終端零售商，而通路商必須透過品牌商拿到貨源，並且透過終端零售完成對消費者的銷售。在大多數的情況下，終端零售商無法繞過通路商直接向品牌商拿到貨源，單個零售商能夠實現的銷售量相對較小，因此說話權也很小。

於是在消費者面前的價格，就是經過了一層層成本和利潤疊加之後的價格。我們當然沒必要把這一層層的疊加看成是對消費者的「剝削」，因為在傳統零售模式下，商品到達消費者的過程確實需要這樣一層層配對，中間做出過貢獻的人都需要從中獲得收益，可以說，在相當長的商業發展過程裡，我們確實需要為這種配對方式埋單。

網路零售改變了什麼？互聯網讓每個主體的權利變得平等，也就是說，圖3中能拿到貨的每一個主體（包括原本看起來在終點的個人）都可以成為零售主體。

假設有一個個人零售商能直接從廠商出口處拿到貨源，且其不再組織實體的銷售管道，直接在網上打開銷路，那麼他所出售的價格，一定比同樣一件商品經由傳統路徑下達到消費者面前時出現的價格要低，或者更準確地說，有更大的降價空間。因為原來中間通路商消耗掉的成本和拿走的利潤，全部被釋放了出來，這部分可於市場進行再分配，一部分分配給了進行網路銷售的主體，另一部分則讓利給了消費者，就形成了我們看到的「低價」。

可以說，阿里系的電商平台業務之所以會成功，就是因為它站在中國傳統零售業不

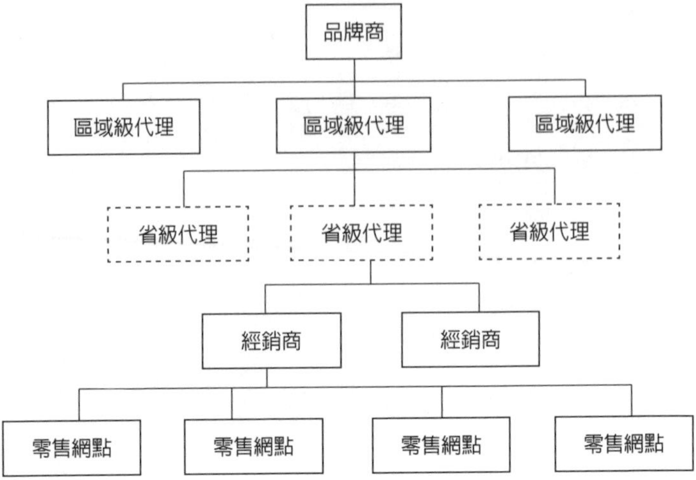

圖 3 傳統零售結構圖

發達不健全的時代，吃準了兩塊紅利：一塊是網民爆發型的增長，尤其是網購人群爆發增長帶來所謂的「人口紅利」；另一塊就是上述公式中提到的通路成本和通路利潤，淘寶和天貓拿來補貼了對消費者的優惠、商家利潤以及阿里系平台的收入。

站在傳統零售業的角度來理解這件事情好像有點不公平，因為這並不是在同一個方法體系下的競爭。但站在消費者的角度則絕對有利，對每一個一般消費而言，有什麼能比價廉物美的價值更大呢？

所以，與其把「低價」理解成片面的價格競爭，不如理解成零售時代的更迭。

免費真的是互聯網的鐵律嗎？

曾有人總結，互聯網業務有條鐵律叫做「免費」，大致是說，很多成功的互聯網業務模式都是先透過免費提供服務的方式吸引用戶，等用戶養成使用習慣後再收費。

很多人說到免費鐵律時，都會以淘寶、天貓當年讓商家免費開店為例，也有不少人把當年淘寶打敗易趣的原因歸功於淘寶讓賣家免費開店。先不說淘寶打敗易趣這件事情有著諸多原因，單說免費開店這一點本身就經不起推敲。免費或不免費對用戶的吸引力到底有多大，取決於免費對應的價值有多大，亦即用戶不用付費就能得到多大的利益，或者這個利益的必須性有多高。我們舉個可能不那麼恰當的例子。有兩個公共廁所一個提供免費的衛生紙，一個免費提供洗手後用的烘乾機，哪一個「免費」對用戶來說更有價值？當然是衛生紙，因為它的用途更直接、更實際。

二〇〇三年，大多數人並不知道在網路開一家店的價值有多大，整個市場也沒有參照物，即使免費，大家不知道自己究竟得到多少優惠，所以何來強大的吸引力之說呢？如果非要說淘寶的成功是因為免費讓賣家們來開店，那也並非因為淘寶相對於易趣來說是免費的，而是相對於開設實體店面，開淘寶店的成本要小得多。

而且，在天貓開店早已不是免費的，為什麼還是有那麼多商家進駐天貓？如果今天再有一個類似天貓這樣的B2C平台，讓所有商家免費開店，是否就能像淘寶打敗易趣那樣把用戶搶走？按照鐵律的說法，應該是可以的，否則何以稱鐵律？但大家都應該清楚知道，單憑這一點，恐怕沒有機會打敗天貓，因為作為交易平台，天貓不僅集中了大量的消費者購買力，還擁有至今仍健康正向發展的平台機制和平台保障。對商家來說，這種平台運行機制及其為商家提供的良性環境，比免費開店有著更大的價值。

今天很多人在做一項創新業務時，仍然偏好以低價、免費、發紅包等補貼用戶的方式來吸引用戶、打開市場，並且想要透過這種方式殺入某一條賽道，甚至企圖以此獲得一種看起來像那麼回事的競爭優勢。然而，執著於用免費、低價的方式獲取用戶，忘記為用戶提供核心價值、忘記修煉內功的它們往往只會得到兩種結局：要嘛被更低價的競爭對手擠走，要嘛長期依靠「低價」替自己續命，久久徘徊在只能拉到一些用戶但找不到良性商業模式的漩渦當中，很難找到出路。

所謂的鐵律往往都是看客總結的。真正走到商業路徑當中的人或許都能明白，沒有什麼事可以那麼簡單、絕對。接著來討論一下，看似最違背商業本質的「免費」和商業本質之間，究竟有著怎樣的實質關係。

如前面所說，在淘寶開一家店看似免費（天貓今天對商家的開店收費仍存在退免規則），但淘寶和天貓都在背後為商家的開店環境、技術條件以及有利於所有商家的平台商業策略做著大量工作，這些工作為商家們帶來十分重要的價值，從價值交換的商業本質來說，這些價值都不該免費。沒錯，其實都不是。當商家們在淘寶、天貓上開店和進行商業經營，這些價值便轉換成一筆「應收帳款」，然後在恰當的時間和節點就會自然轉換為對價，作為交換，回饋給平台。平台內的廣告被稱之為流量買賣，就是一種轉換；除了普通店鋪的一般功能，一些額外的模組和功能是收費的，這也是一種轉換。

為什麼說上述兩種收益是由「免費」轉換而來的？我們可以看到，「免費」開店成了天貓、淘寶平台上所有商業價值流動環節中一個十分重要的節點，而此節點就是平台能匯集眾多消費者的重要原因，並能為整個鏈條帶來更大的實際收益。這也使得鏈條中因為這個節點所散發的效益而獲得更多利益的人（也就是商家），願意在別的節點上為「免費」埋單。如同大家都知道的「羊毛出在羊身上」，商業是一條流動的價值鏈，沒有價值、沒有價值流動的「免費」就只是噱頭。

即使有完整的價值鏈，免費本身也是不夠的。對用戶來說，免費對應的服務必須有價值，否則沒有人會在意是否免費。最後，無論是免費或低價，這個節點就是作為流量入口存在的；流量入口很重要，因為它可以是一切的起點，但絕不是唯一的要素。當流量進來後，我們須帶領它們進入一個更寬廣的場景，提供更大的價值，只有完成這一步的轉換，才有可能形成真正的商業模型。

雙十一到底哪裡做得好？

以上，我從個人的認知範圍，基本上算是把雙十一的「天時地利」分析完了，接著

商業是一條流動的價值鏈，沒有價值、沒有價值流動的「免費」就只是噱頭。

該說點實際的了。把雙十一做得如此成功，天貓到底做了些什麼？

怎麼做到讓所有商品都便宜？

便宜，而且是全品類的便宜，這一點對於消費者的吸引力已在前面反覆強調，這裡只再說一點。要做到讓商家們保持步調一致，在同一天都給出便宜的價格，是一件執行難度非常高的事情。之前網路上討論著，一些商家會在雙十一之前調高商品單價，雙十一當天再打折，這種情況確實存在，而且並非個別現象。試想，如果要透過嚴格監控的方式去管理商品打折，天貓商品總數近億件，要找到每件商品的標準市價幾乎不可能，使用技術方法限制商品隨意改動價格也不合理（有太多品類的商品價格隨時出現波動，都是順應現實做出的合理調整）。即使強制商家們按照承諾的折扣修改商品價格，也不能保證在供貨數量、如實發貨、售後等方面不打折扣。

但是，天貓基本上做到了讓商家們在同一天讓利給消費者，訣竅就是用有效的市場競爭機制激勵商家讓利，同時給予商家自由空間，讓它們自行組織活動的力度。最初，天貓要求商家全部五折，不過很快就遇到了貫徹上的障礙。經過調整後發現，不如在活動規則方面對商家只規定大概的範圍，打多少折扣及多少商品打折由商家自己決定，平台則在預熱期透過一定的展現方式，把商家的優惠商品和優惠活動充分展現給消費者，最後在當天的活動頁面，哪個商家的哪款商品可以占據較好的展示位置、哪個商家最後能夠獲得較多的流量，全都依商家們各自的優惠程度和活動吸引力而定。在這種機制的催化下，商家們定義的打折程度、優惠方式和活動玩法，往往能變化出比平台統一規定更多的驚喜。

不同階段吸引不同的群體

天貓非常清楚，每年都要做的雙十一，伴隨著電商行業發展過程中時時變化的環境，每個階段需要重點擊破的用戶群體都不一樣。

比如最開始的一、兩年，雙十一最重要的是把原來習慣於淘寶的用戶吸引過來，因此，天貓把預熱的活動頁面安排到了淘寶首頁，讓整個淘寶都披上節日的盛裝，讓每一個打開淘寶頁面的消費者都不可能忽略這個新的活動。從第二年開始，天貓意識到，想要做大雙十一，就必須突破淘寶已經基本涵蓋的「一二線城市、年輕男女」這個網購密集人群的界限，讓更多人進入網購大門，這才是雙十一未來的機會。當然，這個時候，「更多的人」主要是指在城市裡沒有什麼網購經驗、但身邊已經有人在網購的人們，如此便可以借助輻射性的帶動效應，讓雙十一擁有更多的消費者。於是在地鐵站、公車站、辦公樓的電梯裡，雙十一成了隨處可見的一種存在。

到了二〇一五年，還有多少生活在城市裡的年輕人沒有用天貓、淘寶網購過？我們提這個問題時，甚至可把「年輕」二字刪去。此時，雙十一必須走向更廣闊的空間。比

> 讓商家們在同一天讓利給消費者，訣竅就是用有效的市場競爭機制激勵商家讓利，同時給予商家自由空間，讓它們自行組織活動的力度。

如，透過二〇一五年十一月之前阿里巴巴已在全國各地建立的上千個村級代購點，向中國農村消費者推廣已經讓城市人瘋狂的雙十一；透過和湖南衛視合作的雙十一晚會，讓全中國還不知道雙十一的人一同融入由已經熟悉雙十一的人們所營造的氣氛當中，即使你不看湖南衛視，也避不開大銀幕時時刻刻爆發出來的耀眼成交資料；透過二〇一五年十一月十一日早晨在美國紐約證交所外牆掛起的橙色阿里巴巴商標和紅色天貓雙十一的橫幅，以及那專門為雙十一開幕敲響的鐘聲，全世界都知道這個來自中國的瘋狂節慶，想必在未來的雙十一，來自境外的商家和消費者會比之前更多、更火爆。

每年的雙十一都是一場盛會

要形成一場盛會，不僅要有足夠長的預熱期，更要在盛會當天營造出濃厚的氛圍。預熱期裡要盡可能有效地把商家和商品的優惠資訊傳遞給消費者，並且不斷刺激消費者在雙十一那天的購物慾望，增強大家對那一天的期待。

預熱期有多長、分幾個階段、每個階段的預熱重點是什麼、如何成功吸引消費者在預熱期就開始關注雙十一，並且使他們最終在雙十一當天購買商品，這些都是每年雙十一必須解決的挑戰。經過七年不斷摸索和迭代，天貓顯然已經找到規律，並形成一套方法論。

特別是前幾年的雙十一，預熱期不斷變長。預熱內容從簡單的活動頁面、熱銷商品預告，變成了發紅包，而紅包玩法也從一輪變成好幾輪，預熱商品則變成預熱熱銷品牌，給予各個品牌更強的參與感和主動性。當然，預熱頁面的路徑設計、頁面資訊布局、預熱活動的玩法和活動逐一上線的節奏，都是其中非常重要的細節，相互之間也必須進行有效的配合，才能一起產生更大的作用。

除了預熱，雙十一當天，每時每刻都非常重要。要讓瘋狂採購的熱情持續燃燒二十四小時並不容易。每過一個時點，從總量上來說，消費者的購物需求就會逐漸衰減，大眾對雙十一的關注和熱情也會迅速下降。所以，當天每個時段都必須放出更吸引消費者的優惠，如此不僅能分散消費者完成購物需求的時間，也能在每個時段把一部分人拉回購物節當中。只要能把消費者拉回來，就有可能再度激發他們各種潛在需求，從而一再啟動狂歡式的購物需求。

除了優惠之外，天貓還需要具備激起更大範圍公眾注意力的能力。這樣不僅能讓潛在消費者產生需求並購買，也能塑造一種狂歡的社會氛圍，還能擴大雙十一的影響力。而最能激發大眾注意力的資訊，就是雙十一當天一再出現的驚人成交資料。如果成交資料確實驚人，那麼我們就要用最合適的方式發布到全國以及全世界。

用設計營造狂歡節的氛圍

購物節的氛圍非常重要，營造得好就可以帶動更多人入場，激發更多的消費行為，

“要形成一場盛會，不僅要有足夠長的預熱期，更要在盛會當天營造出濃厚的氛圍。”

還可以讓購物節在社會中獲得更多關注，促使更多商家和消費者、甚至各種相關服務的供應商都更願意參與。

我們知道，天貓在站內（淘寶、天貓網站）站外推廣和烘托雙十一的過程中一向不遺餘力。如前所述，每一年，雙十一都會借助與當時發展階段最契合、用戶涵蓋率最廣的管道來打出廣告。但推廣的實際效果不僅要看管道的強弱，也要看那些用於宣傳的物料能否成功營造出歡樂、盛大、萬眾矚目的節日氛圍。

雙十一需要使用大量的設計物料，包括對外發布的廣告、淘寶和天貓站內各種頁面與資源位（引導流量進入的廣告位置），以及天貓提供給商家當天在店鋪中使用的各種海報、圖片、圖形、標誌和文字。我們需要在不同階段透過不同管道投放不同的物料，來吸引更多的消費者，並在一定程度上形成持續關注。所以設計上要注意的是：實現一定的一致性。要實現一致性，就必須先有核心的設計元素，既要能反應天貓雙十一的品牌特徵，又要有較強的用戶識別度；也就是說，要讓用戶在眾多資訊中一眼就能看到你、認出你，並記住你。

天貓選擇了用自己頁面的主要顏色「天貓紅」作為主色調，用紅和白這兩種對比強烈、明快的配色來完成主商標，並且把天貓的貓頭作為元素，用到各種設計和海報裡。為了能讓用戶強烈感受到天貓和雙十一的品牌，在元素應用中就要做到重複、重複、再重複。可能就像一些簡單粗暴的廣告那樣，不斷重複一樣的廣告語言，以求留下深刻的

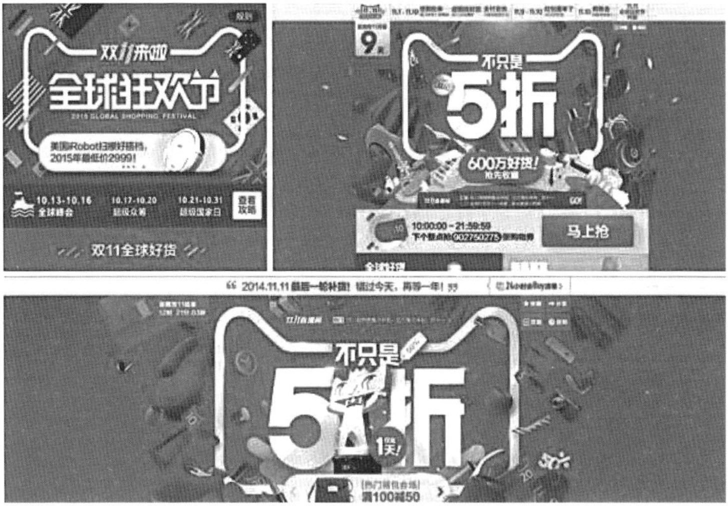

圖 4　2015 年雙 11 的頁面設計

印象。

前面說過，雙十一每年都有不同重點的受眾人群，而每一年的雙十一在不同階段也有不同的宣傳意圖。設計則需要根據這些重點和意圖形成一定的變化。

二〇一五年雙十一，會場的頁面設計分為三個階段：造勢階段、預熱階段及正式活動期間。除了運用上面所講到的貫穿天貓雙十一品牌的設計元素，還在造勢階段突出了當年「全球化」的主題，以各國國旗作為設計元素來烘托這一主題。預熱期間的主要目的，是讓消費者對雙十一當天會打折的商品產生興趣，因此除了突出「貓頭」，還要預熱貨品。到了正式活動期間，設計在氛圍上需要突出的就是狂歡的氣氛，要讓人有熱鬧甚至比熱鬧更熱鬧的感覺，於是天貓的設計團隊運用了大量的金色。

要支撐這樣一個大型活動，需要的網頁設計元素數量可說是非常大，而且要應對預熱期和正式活動期間可能出現的各種問題，設計和創意須能及時填補一些空缺，配對隨時可能調整的貨品露出，所以，這時就需要建構「創意庫」。據說，天貓的設計團隊會提前做好這個創意庫，裡面分門別類地存放著各階段對應各種頁面需求的創意和設計，這樣才能讓整個頁面井然有序。即使出現突發情況，也能即時替換，確保整個活動依舊能夠在良好氛圍中運行。

創意紅包新玩法

除了透過各種傳播管道把雙十一的標籤、優惠程度傳遍天下，紅包也是不斷推高氛圍的重要工具，或者說是媒介。從最早的抽獎中紅包，到透過頁面小遊戲獲得紅包，再到充值支付寶抽紅包，在互聯網的重心遷移到行動端之後，又演變出很多結合手機設備特點又具備宣傳效果的玩法，總之，雙十一紅包的玩法每年都不同。但按照今天流行的說法，紅包玩法的設計「必須藏毒」！

紅包裡究竟藏的是什麼「毒」？記得二〇一三年的雙十一，用戶可以透過以下方式抽取紅包：打開手機淘寶應用程式，根據頁面提示啟動手機攝影鏡頭，然後對準一張臉拍下來，系統就會給出一個顏值評分，據說這個評分會影響抽中紅包的機率。這種玩法上線後，我們親眼見到了很多這樣的場景：大家先開啟自拍模式，測試自己的顏值，然後把攝影鏡頭對準身邊的小夥伴，測試小夥伴們的顏值。當有人抽中紅包時，就會為自己的高顏值感到欣喜，其他小夥伴就會要求這個人為自己抽紅包時做出貢獻；也有人把自己和身邊的人都拍了一遍，為的不僅是爭取更多抽獎機會，還會為系統給出的顏值評分相互打趣。當然，說顏值評分會影響抽中機率可能是在說笑，但這種玩法確實為參與者帶來歡樂。所謂的「藏毒」，就是指這種玩法非常具有宣傳效果，拍照的人傳給被拍的人，抽中的人傳給沒抽中或未參與遊戲的人，於是我們看到了這種相互推薦、相互嬉鬧的場景，發生在辦公室裡、飯桌前、閒談和聚會中……。當然，雙十一的節日氣氛也在這種傳播和嬉鬧中一點點積累、一點點發酵。

還有一個紅包的玩法不但具有帶動效應，還能直接提高雙十一當天的消費。這種玩法就是為支付寶帳戶加值，在完成加值的同時獲得抽取紅包的機會，單次加值滿一百元人民幣，就可以獲得一次抽獎機會。這種紅包抽獎方式是在支付寶、雙十一涵蓋的消費者群體已經相當廣泛的基礎上所產生，對大多數的用戶來說，反正一定都會為支付寶加值，提前加值可以獲得抽獎機會，何樂而不為呢？當身邊有人因為一個簡單的加值動作而抽到紅包時，就會有效地帶動身邊的人去完成同樣的動作，在相互比較、高度互動的過程中，大家一次又一次在支付寶裡加值。當然，加值進去的錢在雙十一花掉的機會也會變大。

新玩法帶來新商機

除了紅包的玩法年年翻新之外，購買的過程也要時時有新的玩法，這樣才能不斷讓用戶有新鮮感。要知道，人們原本就喜歡嘗試新事物，在互聯網時代，人們對新事物的渴求程度及追求新事物的速度，都比以往高很多。

在交易玩法方面，我舉兩個最為典型的例子，一個是秒殺，另一個是預售。秒殺的意思是，一件很多人都喜歡的東西，市場價格也比較可觀，活動期間的某個時間點，這件東西以超低的價格（通常是人民幣一元）上線銷售，同時限定只有一件或數件，誰的動作快，誰就有可能搶到。預售則指一件商品分兩階段付款，先付訂金再付尾款，如果消費者願意先付訂金，就可以享受到一個比活動期間更優惠的價格。

這兩種玩法的作用各不相同，秒殺更像是一個行銷活動，在短時間內以巨大的優惠激發大量消費者的關注和興趣，用非常低的門檻讓大家參與，同時還讓大家覺得過程很好玩，意猶未盡，並對下一次抱有期待。當年，年輕人追過的 iPhone 4、iPad 都曾是秒殺的物件，這種符合潮流所需、又在市場上極具價值的商品，增強了秒殺活動的吸引力。預售則比較適合發布全新的產品，或者對許多人來說仍是比較陌生的商品，讓消費者擁有一種嘗鮮感。後面的章節還會討論到預售，這裡便不細述。

新品類帶來新生氣

不僅交易方式經常要有變化，參與雙十一的商品品牌、品類、品種也常常會有一些非常吸引消費者的新面孔。舉幾個例子，二〇一三年，淘寶旅行網站（如今的「去啊」）第一次參加雙十一，給出了一系列相當優惠的國內外旅行產品，因為量少價低，在很短的時間內就被搶空，三十四張「南京湯山一號溫泉門票」五秒就搶購一空，十個「杭州千島湖開源度假村住宿」的名額在十秒賣完。最終，淘寶旅行當年的交易總額為一億五千七百萬元人民幣，酒店預售六萬間，機票成交四萬張。

從此以後，雙十一旅行類的優惠總會固定吸引到一批人參與，之後幾年，這類優惠產品做得愈來愈有吸引力，其中比較經典的就是二〇一四、一五年連續兩年推出的美國自由行。二〇一四年十一月十日，美國總統歐巴馬宣布將中國遊客赴美簽證的時間延長至十年，這大大刺激了消費者去美國旅行的熱情。二〇一四年雙十一期間，阿里巴巴旅行平台「去啊」第一次銷售美國自由行產品，從預售到雙十一過半（十一月十一日中午十二點四十分），美國、韓國、日本三個目的地的預訂已分別超過萬件，其中單價為四九九九九元、五九九九九元的一系列美國旅遊產品累計預訂量超過一萬件，形成「萬人遊美國」之勢。

二〇一三年還有一個分會場也是首次登場，並且同樣在後來成為擁有固定受眾、能夠吸引愈來愈多客戶的特色品類，那就是理財分會場，出售各種保險及理財產品。這些

> 在互聯網時代，人們對新事物的渴求程度及追求新事物的速度，
> 都比以往高很多。

理財產品的門檻為一千元，購買金額低，預期收益率又高於同類產品，受到年輕人的追捧。從人群購買特點來看，接近一半的交易來自二十六至三十二歲用戶。當年，理財產品總成交金額達到九億零八百萬元，其中國華人壽官方旗艦店的總成交金額為五億三千一百萬元，易方達基金官方旗艦店的總成交金額為二億一千一百萬元，生命人壽官方旗艦店則共計售出一億零一百萬元的理財產品。

再比如，二〇一四年，美國的超市品牌「好市多」於雙十一的前一個月進駐天貓，繼而在雙十一推出科克蘭（Kirkland）綜合堅果和蔓越莓乾，這在中國消費者眼中尚算比較新鮮的產品。不過誰也沒料到，這兩款產品讓消費者在一夜之間知道了這個之前並不熟悉的美國超市品牌，綜合堅果最終售出了十萬罐，總重達九十噸，蔓越莓乾最終售出了十四萬包。兩款產品在二〇一五年雙十一期間持續受到消費者的喜愛，成為真正的明星產品。

有些時候，這些有新意的玩法可以相互結合，從而產生更大的效應。比如，前面所說的旅行和理財產品，在一開始登陸雙十一的時候，都是以「預售」之姿出現的，這麼做既能得到充分的預熱，並透過「預售」為消費者留下了「難得賣那麼低的價格或賣的都是新鮮貨」的深刻印象。

Chapter

2

雙十一 背後的平台體系

二〇一五年的雙十一已呈現出「自行運轉」的態勢，品牌、商家、物流、銀行系統等外部合作者彼此協同，都在朝著共同利益最大化的方向運作。平台的支撐和供給讓雙十一具備了在完整的互聯網生態中良性運轉的條件，並且最終能夠成為具有世界級影響力的消費狂歡節。

未來，會有兩種類型的企業能因為長期獲得大量用戶的青睞而長保生命力，最終在商業市場中獲得不俗的成績。一類企業提供用戶能在生活中或工作中使用的工具。對不同群體及其在不同場景中，提供擁有不同實效的工具，其用途和功能愈接近人們日常必需，就會被愈多人使用。另一類企業則提供用戶承載一些商業模式的平台，同時提供用戶一種具有確定性的服務，透過服務一部分的用戶，使其為另一部分用戶服務，最後再透過「服務回饋服務」的方法，使用戶產生路徑依賴。

前者如QQ（騰訊公司的一款即時通訊工具）、微信，針對人們的通訊需求並隨著互聯網設備的更新，解決了人們要求通訊速度愈來愈快、愈來愈及時以及聯繫和交流層面愈來愈廣闊的需求。由於QQ和微信所解決的問題具有普適性，這兩個工具幾乎為中國所有的互聯網用戶所使用。

平台為雙十一帶來什麼？

當我們說到平台，必然要說到阿里巴巴，事實上，阿里巴巴所經營的電商業務確實是典型的平台型業務模式。也有人把天貓、淘寶比做商業地產。確實，兩者在商業模式上存在許多相似處，都是向商家提供類似空間、水、電等開店的基礎配套設施，以及利於購物的整體環境等服務，並與商家共用因地理位置和商場整體吸引力所帶來的購物人潮，透過收取商業地租或交易佣金來實現盈利，也希望借助內部所有商家的共同發展來為平台本身不斷增值。

互聯網平台和傳統零售商業地產之間最大的區別，在於互聯網平台擁有更強的延展性，它向商家們所提供的服務，無論內涵與外延都更為豐富和複雜。

前面提到，每年找個固定時間做一場集中的打折促銷活動，把它做成有節慶意義的購物節，就是由實體的大型購物商場發明的。但自從有了互聯網和網購，實體商場的打折活動已無法像從前那樣在城市裡激起蜂擁而來的人潮。除了前面提及因網購的豐富性和便利性給實體零售帶來整體上的衝擊，互聯網平台在其中所產生的作用也不可忽視。

接下來，解釋一下所謂互聯網平台的關鍵作用。

網路經濟的基礎配套設施

二〇一二年雙十一過後，快遞爆量，部分商家為雙十一儲備的貨未得到有效的轉換，這些事情讓不少人開始質疑這種全民瘋狂的網購熱潮，甚至有人認為雙十一為商家和社會服務體系帶來不必要的壓力，應該停止。

任何時候，質疑的聲音都是有必要的，尤其是在雙十一誕生七年之際，比起馬雲說的阿里巴巴要成為一家一百零二年的公司來說，它現在還是新生兒。否定之否定規律告訴我們，事物的變化發展是波浪式前進、螺旋式上升的過程，作為新生事物的雙十一，

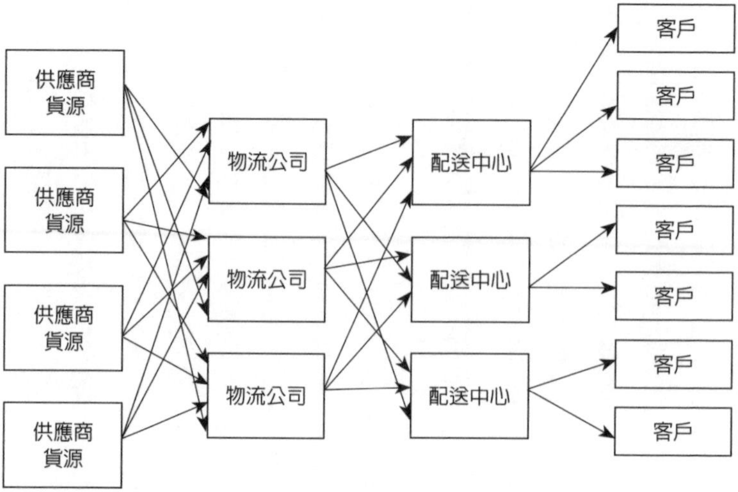

圖5 傳統物流樹狀圖

在發展過程中面臨問題甚至障礙都非常正常。當然，這並不表示所有遇到的問題都可以被忽略，不值得被討論和解決。首先，我們得經由這些問題所表露出來的現象，分析問題之所以發生的更深層次原因。

要找到原因並不難，以物流問題為例。試想，傳統零售模式通常是透過區域代理層層下達，最終到達消費者，所以與之配套的物流貨運大致是以一種批量式集中運輸、樹狀結構展開的方式進行（參圖5），每下降一級，減少的貨運量卻不止一個級別，配套設施也較上一級落後或者有缺失。在網購出現的早期，單件包裹以點對點的方式進行運輸配送，其數量和規模與傳統零售的集中貨運相比仍占少數，所形成的網路比較稀疏，那時我們可以把點對點形成的配送網路，看成是對原有社會物流體系的一個補充。

但當網購在日常消費中所占比例愈來愈重時，其交易規模在社會總體零售規模當中所占比重也愈來愈高，上述點對點的貨運鏈接愈來愈密集。這時，我們不能再把網購視為零售經濟的「補充」，也不能把因網購而產生的網狀物流需求視為負擔。

原來的物流體系不能承載大量的網購需求，主要是因為網購所需要的物流體系是網狀的（參圖6），而原來的物流體系主要是樹狀的，當網狀的需求經過量變達到質變後，原來的社會物流體系也無法再透過自發調度自己的剩餘力量來達到需求，因此就出現了之前提到的「爆倉」，出現服務需求和供應間的斷層。

一種經濟形態的實現需要與之相配套的基礎設施作為支撐，如同前面提到的傳統零售有樹狀的物流體系與之配合，當網購的規模大到我們足以稱之為一種經濟形態時，它也需要新型的物流體系來相應。而新型基礎設施建設能帶來的好處是，一旦需求得以滿足，流通和交易效率就得以提升，最終帶給我們十分豐厚的回報。

二〇一五年的雙十一就是在新型物流體系得到初步建設之後所體現出來的一次爆發，可以毫不誇張地說，這種體系性的基礎設施建設若得以持續有效地推進，那麼雙十一的交易規模即使出現超乎想像的爆發，至少在貨運服務配套方面依然能得到充分的支撐和保障。

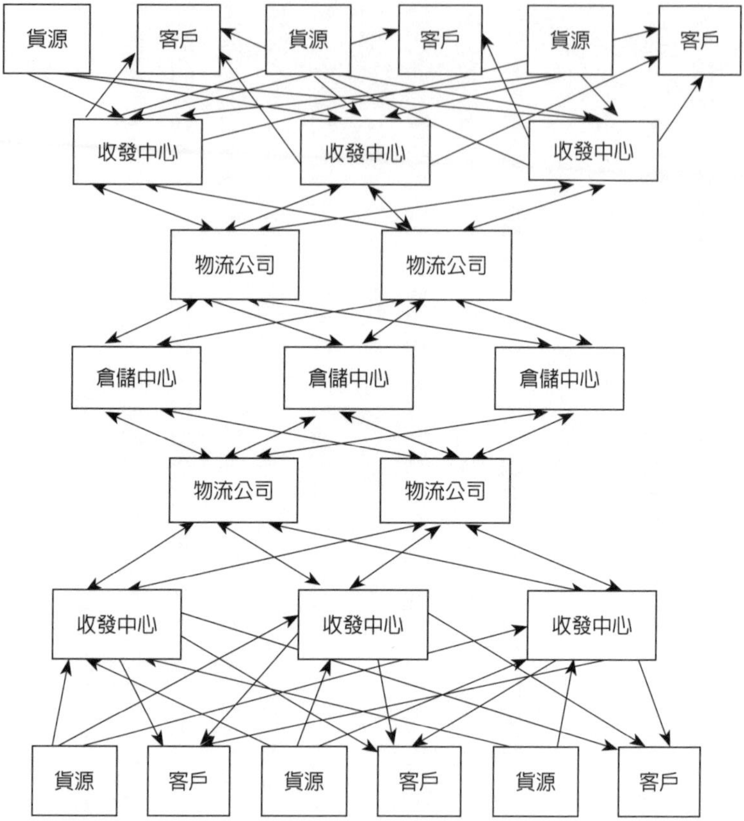
貨源
客戶
貨源
客戶
貨源
客戶
收發中心
收發中心
收發中心
物流公司
物流公司
倉儲中心
倉儲中心
倉儲中心
物流公司
物流公司
收發中心
收發中心
收發中心
貨源
客戶
貨源
客戶
貨源
客戶

圖 6 現在的物流網狀圖

互聯網的商業生態

阿里巴巴有個在天貓、淘寶平台主體電商商品交易業務之外的業務模組，自從二〇一二年開放以來，每年的績效成長都非常驚人，二〇一四年該業務交易平台所產生的經濟效益達到三十多億元人民幣。這個業務模組就是「淘女郎」，即專門為天貓、淘寶的商家提供平面模特兒的業務，這裡的賣家是模特兒經紀公司或平面模特兒本身，天貓、淘寶的商家則成了買家。

在講這個業務模組和平台的「開放性」關係之前，先來談談兩個耳熟能詳的故事。

十九世紀中葉，美國加州傳來發現金礦的消息。許多人認為這是千載難逢的發財機會，於是趨之若鶩。十七歲的小農夫亞默爾也加入這支龐大的淘金隊伍。他和大家一樣，歷盡千辛萬苦趕到加州。淘金夢是美麗的，作這種夢的人很多，而且還有愈來愈多的人蜂擁而至，一時間，加州到處是淘金者，金子自然愈來愈難淘。生活也愈來愈艱苦。當地氣候乾燥、水源匱乏，許多不幸的淘金者不但未能圓夢，反而葬身此處。

亞默爾經過一段時間的努力，他和多數人一樣也沒有發現黃金，反而被飢渴折磨得半死。一天，他望著水袋中僅剩的一點點捨不得喝的水，聽著周圍人對缺水的抱怨，亞默爾突發奇想，淘金的希望太渺茫了，還不如來賣水。於是他毅然放棄淘金，將手中原本用於挖金礦的工具換成挖水渠的工具，從遠方將河水引入水池，用細沙過濾，成為清涼可口的飲用水，然後將水一桶桶挑到山谷賣給淘金者。結果，大多數淘金者都空手而歸，亞默爾卻在很短時間依靠出售幾乎無成本的水，賺到了六千美元，這在當時可是一筆巨額財富。

另一個故事講的也是同一件事。當年美國西部的淘金熱中，那些沒日沒夜找金礦、挖金礦的人真正暴富的可說少之又少，但一個叫布瑞南的人賺到的錢比任何淘金者都多。他是靠賣鐵鍬發的財。整個淘金熱中，布瑞南始終沒挖過一鍬的沙子。

從「賣水人」的故事得到一個啟示，在一個熱點出現時，我們未必要去追逐那個熱點，而是可以靠提供穩賺不賠的服務來做生意，這可能是更加可靠的商業盈利模式。

這當然有其道理，但這是從「賣水人」的角度來理解，我們也可以試著從另一個角度來理解。淘金，是當時人們到加州去做的主要生意，但圍繞著這門生意的自然會衍生出一系列配套需求，比如淘金者對生產工具的需求、淘金者的生存生活所需，以及故事中沒有提到的黃金運輸需求、鑑定需求等。集中在淘金產業中的人愈多，「賣水」服務的需求也就愈發旺盛。而這些「賣水」服務本身也需要有專門的人進行專業的建設，透過專業的轉換，才能得以達成。故事中「賣水」的主人翁詮釋了所謂的「專業」。周邊興起種類愈多的配套服務，就愈能夠獲得有效的商業回報，繼而生存並發展，整個產業就愈能形成一種良性的共同成長模式。或許淘金的例子不能完美解釋這一點，因為淘金受黃金礦藏量的大小、可挖掘難度等客觀條件影響太大，其共生形態可能會受到這些條件的限制，但道理還是相通的。

這兩個淘金故事和互聯網平台有何關係呢？天貓、淘寶作為平台，所支撐的主體業務是電商商品交易，基於這條簡單的線上交易鏈結，卻可以衍生出非常多的「賣水」服務，「淘女郎」就是眾多的「賣水」服務之一。阿里巴巴對內對外習慣把這種共生形態叫做「商業生態」，但所謂的商業生態並不發端於互聯網，在很多傳統產業裡，也有類似的商業生態。比如二〇一六年一月，我隨著曾鳴教授團隊去江西景德鎮做調查研究，發現景德鎮因為製瓷形成了明確分工和完整配套鏈的生態，而且這種生態最早可追溯到明末清初，實在是由來已久。

「淘女郎」原本和淘金衍生出的賣水、景德鎮製瓷衍生出的鐵匠鋪利坯刀之間，在原理和實際效能方面都是沒有實質區別的。但在阿里巴巴的平台上，「淘女郎」一邊為商家提供平面拍攝服務，另一邊也需要能夠提供資料獲取、分析和應用的服務商為自己提供服務，幫助分析出自己所適合的店鋪或品牌類型，以及過往為商家店鋪所貢獻的轉換率等相關資料，以便和商家之間形成更快速、高效且準確的配合。當「淘女郎」又和同樣也是由交易平台衍生出來的資料服務產生緊密有效的強關聯時，互聯網平台就開始顯現出「網狀」的一面。

漸漸地，商家和為商家提供店鋪裝修服務、資料服務等一系列服務的供應商之間，就形成一種任何兩點之間都彼此需要的關係，相互連接之後都能比之前發揮更大的價值或者獲得更高的效率。買和賣，不再是孤立的兩個大節點，任何在買賣過程中做出貢獻

> 在一個熱點出現時，我們未必要去追逐那個熱點，而是可以靠提供穩賺不賠的服務來做生意，這可能是更加可靠的商業盈利模式。

的人，都可以成為其中的一個節點，節點之間不再像以前那樣有主次之分，只有在彼此連接的參與度當中是否廣泛和穩固的區別。最終，我們會看到各種不同類型節點之間強大的相互關聯，成為一個有著自行運轉能力的網狀結構，並不需要誰來主導或推動，一切在自發的過程中完成，並形成相互促進、共同發展的狀態。

從數據看，每一年雙十一到來之前，阿里系的大部分供應商市場都會出現大幅增長。商家們為了更充分準備雙十一，就會產生更多的相關服務需求；反過來說，在某個專業領域，有更專業的人提供協助，也有利於商家在雙十一取得好成績。

二〇一五年雙十一之前，阿里巴巴開放了一個叫做「御膳房」的平台入口，專門開放數據介面以接入數據服務商來為眾多商家提供數據支援。「御膳房」一上線，就受到眾多品牌商的認可，其中知名的男裝品牌「勁霸」透過和「御膳房」數據供應商的合作，在二〇一五年雙十一期間將自己的交易轉換率提升了兩倍之多。

形成能促進商業良性發展機制的平台

先講一個反面案例。

我目前所在的文化影視行業在前幾年誕生了一種影片形式，因為主要是透過影片網站來觸達一般觀眾，所以大家稱此為「網路大電影」。但由於目前觀眾在網路端和實體電影院的消費習慣仍有差異，影片網路平台又尚未找到一種既能實現播放優質內容且能與觀眾進行有效配對的方式，導致網路大電影在網路端的收入普遍不高，當然更沒法和電影在實體電影院可能獲得的票房收入相比。於是想在網路管道中獲得展示機會又想賺到錢的製片方，就在想如何縮減網路大電影的製作成本，用控制供應鏈成本的方式來控制市場風險。同時，因為平台沒有更好的配對模式，因此製片方就在內容上各出奇招，把片名和前幾分鐘做得引人入勝，激發人們在短時間內的好奇心，以此作為市場策略以求獲得更多的點擊和收入。

幾年下來，各個網路影片平台的網路大電影都出現同樣的狀況，那就是大量的「標題黨」[1]，以及大量品質偏低的影視作品。這讓觀眾逐漸對這類內容感到失望，也愈發不願付費，於是製片方的風險愈來愈高，以致願意在製作上做的投入更少。偶爾有製作精良的網路大電影專案，平台卻不太敢接，擔心這樣的內容最終無法浮現，在與其他標題黨的競爭中吃虧。

這就是典型的檸檬市場[2]，出現劣幣驅逐良幣的結果。可以看到，如果一直以這種方式持續下去，平台方不做出及時有效的調整，將無法培養出觀眾良好的付費習慣，最終這塊市場會走向衰落、被邊緣化。

1　在網路以誇張或聳動的標題吸引網友點擊觀看的人，這類使用者慣用的標題文字通常與內容無關或關聯不大。

2　意指市場中在買賣方的訊息不對稱的情況下，價格低者迫使品質優的賣方離開市場，導致市場中充滿劣質品。該名詞最早出現於美國經濟學家艾克洛夫（George Arthur Akerlof）於一九七〇年發表的論文。

平台型互聯網企業基本上都是看中了一個市場機遇之後，把人們召集到平台上，和平台企業一起經營這塊市場，快速取得利潤，實現共同成長。如果要達成「共同成長，共同占領市場」的結果，那麼擺在平台企業面前不得不解決的問題就是：應該召集什麼樣的人進來？為他們提供什麼樣的服務？平台如何保證這些人會以符合大家共同利益的方向為方向，以大家共同追求的結果為結果？

所謂平台機制，就是平台企業針對上述問題給出的解答和方法。如果方法恰當且有良好導向，大家所謀求的共同發展，在整體上就有可能呈現出快速向前發展的態勢，反之則出現如網路大電影的狀況。機制的設計、執行、結果回饋以及良性互動，是一個需要前後貫通且必須形成體系化運作的複雜過程，平台建設的難度其實就體現在這種機制建設和機制迭代的過程中。有些企業也考慮到要用機制去規範商家，但很難向市場提供可控性、確定性非常高的服務，於是選擇親力親為，自主介入市場的營運、服務，甚至是供應鏈的搭建。

我們不能說阿里巴巴在平台機制建設方面做得非常好，其實在天貓的發展過程中，曾出現幾次部分商家不理解天貓所公布新規則的情況，雖然天貓所做的機制調整，一般都是為順應網購市場的變化、消費者需求的提升而做出的。其中比較典型的是二〇一一年雙十一之前，由於天貓（當時的淘寶商城）發布新規，將每年技術服務費由六千元人民幣上漲至三萬元和六萬元兩個等級，並增設保證金，最高達到十五萬元，此舉引發了商家的不滿，甚至有人聯合起來對一些大品牌商進行惡意負評，以此擾亂競爭對手的正常經營及天貓平台的市場環境。

在此就不贅述天貓如何平息這場風波，僅提出平台機制建設中最需注意的幾點，希望對大家有所啟發。

如果對整個平台存在的根本和整體市場環境產生極大的破壞，就要用最嚴格的控制和最嚴正的手段打擊到底。比如說假貨問題。阿里巴巴其實非常清楚，如果不能解決或者至少控制假貨的問題，很快就會讓消費者失去信心，然後快速離開，以致失去活力的根基。

在眾多平台機制中，最重要的是如何分配平台資源，特別是分配平台裡的流量。很多人會關心平台的分配方式是否公平，其實，若想有效地組織商家，我們更需要關注的是效率，針對不同的品牌和商品來體現效率，而平台要做的是盡量用更短的路徑，使感興趣的消費者看見它們，同時讓品牌和商品在更適合自己的場景和跑道中競爭。

另外，效率也體現在用一個清晰、簡單的衡量標準來分配機會。在雙十一預熱期間，所有商品都會按照一定的規律在預熱頁面上展現，誰能夠獲得更多關注，也就是被收藏或加入購物車的數量更多，誰就能夠在雙十一當天的活動中獲得更多機會。這種做法能促進良性競爭的形成，特別是將這兩種促進效率配對的方式結合在一起使用，可以有效引導消費者不僅關注更低的價格，也更能開始關注自己的偏好及以商品品質為基礎

“在衆多平台機制中，最重要的是如何分配平台資源，特別是分配平台裡的流量。”

的價廉。

如果暫時找不到其他更適合的方式來促進平台商家的良性競爭，那麼至少盡量做到「透明」。

點開任何一家天貓商家的介紹，我們都能看到頁面展示著商家的所有經營自製資訊，包括店鋪在半年內獲得的動態評分、與同業相比是偏高還是偏低、店鋪向消費者承諾提供的服務詳情、最近一個月內這些服務的履行情況，以及商品服務出問題時可對消費者進行賠付的現有店鋪保證金為多少。

披露這些資訊，意圖實則是告訴消費者有關商家、商品和服務的即時與真實情況，以供消費者在交易過程中進行參考和選擇。我們應該相信，只要資訊充分，每個消費個體都會做出最有利於自己的判斷和選擇，最終形成一種大家「以腳投票」[3]的狀態，促進商家往消費者更喜歡的方向發展。

說了那麼多，最後總結一下。就像曾鳴教授所說，二〇一五年的雙十一已呈現出「自行運轉」的態勢，品牌、商家、物流、銀行系統等外部合作者彼此協同，都在朝著共同利益最大化的方向運作。有了這樣的狀態，才會產生最終九百一十二億元這麼龐大的交易規模，以及如此巨大的社會影響力。雙十一前兩年膨脹式的發展，促進了平台的建設和完善，同時如前所述，平台的支撐和供給讓雙十一具備了在完整的互聯網生態中良性運轉的條件，並且最終能夠成為具有世界級影響力的消費狂歡節。

一個超級平台級應用的建成

網上有消息說，二〇一五年雙十一過後，物流順暢，到貨時間比往年明顯縮短，其中最短的只用了十四分鐘。享受到這一超快到貨服務的是北京朝陽區的一位先生，零點剛過，他就在天貓電器城下單購買了某品牌電視機，支付完成後沒多久，電視機就送到家裡。

這看起來非常神奇，到貨速度簡直和到樓下便利商店買菸一樣快。事實上，此次買電視機的過程和在就近的便利商店買菸確實沒什麼區別。

善用數據，把十四分鐘到貨變可能

按照以往的理解，我們在網上下單後，商家會把這台電視機從倉庫裡搬出來、打包、交給快遞公司、貼上單號、進行運輸，幾天後到達我們所在的城市，然後再由快遞公司分揀派送到距離收貨地址最近的投遞站點，最後由這個站點的快遞員送貨上門，整個過程即使在非常順利的情況下也需要三至四天。而在雙十一，幾億件包裹在同一時間

3　由美國經濟學家提波特（Charles Mills Tiebout）所提出，原指人民透過居住遷移，選擇最能滿足自己的地方居住，彰顯出對政府部門公共預算配置與措施的偏好，進而展現人民對哪個政府支持的決定。今延伸為人對某事或某現象不滿意時即掉頭走人。

> 只要資訊充分，每個消費個體都會做出最有利於自己的判斷和選擇，最終形成一種大家「以腳投票」的狀態，促進商家往消費者更喜歡的方向發展。

產生，如果全部按照慣常的做法，可以想像很多包裹會在途中遭遇擁堵，就像上下班遭遇的交通尖峰一樣，別說十四分鐘到貨，正常三至四天的到貨時間也可能得不到保障。

北京這位先生買的電視機當然不是按照慣常的方式進行配送。首先，這台電視機並非從商家所在地發出，而是從北京這位先生家附近發出的。當這位先生下單後，商家透過收貨地址配對，發現距離收貨地址很近的某個倉庫裡有該先生購買的同型號電視機，於是就把收貨地址等資訊傳遞給這個倉庫要求發貨，而這個倉庫可能正好和這位先生的家只有步行幾分鐘的距離。其次，這台電視機也不是在這位先生下單購買後才開始配送，早在雙十一預熱時，當這位先生把要買的電視機放進購物車，商家就已經大概知道哪些型號的電視機在雙十一能賣出多少台，還知道是哪些地方的買家要買，於是就按照預測把電視機提前發送到距離買家們最近的倉庫，等待買家下單。就好像避開高峰時段出行，本來同一時間啟動，途中注定要撞上的包裹提前在終點站附近準備就緒。

透過數據來預測某個產品在某區域的銷量，在各個區域、大大小小的倉庫資料和資訊中建立強關聯，提前或者選擇在資源配對最合適、成本最小的時候，把產品發到就近位置，在派送、分揀和投遞的過程中對包裹進行數據化的即時跟蹤，在避免萬分之一的錯誤當中提高整體效率。概括起來，大致上這就是二〇一五年雙十一期間阿里巴巴背後的物流體系所做的事情。這樣做等於是把原來集中爆發的快遞單量，在時間上做了合理的向前延伸，把短時間內的單量高峰在一個時間段裡攤平了，不僅現有的物流體系能夠更充分運轉，還把一些閒置但有效的資源機動地整合到原來的物流體系中，使得整個體系的能力和效率都得以提升。

這麼做最直接的好處是改善了用戶體驗。北京朝陽區的這位消費者收到電視機的時候一定十分驚喜，如果能把所有用戶的收件體驗全部提升到這個水準，當然具有非常大的意義和價值，但更重要的是，雙十一背後的這套物流體系可以不再需要透過不斷增加人手、消耗資源來提升自己的物流能力，即使在資源總量不變的情況下，也能夠承載更大量級的服務需求。

於是短短三年，我們在雙十一的事後服務中看到了如此天壤之別的結果：在菜鳥物流體系上線前的二〇一二年，包裹總量不到現在的百分之二十，而快遞公司紛紛陷入了「爆倉」的窘境，很多包裹因為堵塞而沒有按時到貨。但二〇一五年雙十一當天產生的四億六千七百萬件包裹，在一週內就消化了百分之七十，順利得就像雙十一沒有來過一樣。光說數字我們可能沒什麼概念，如果以二九〇乘一七〇乘一九〇毫米大小的郵箱計算，四億六千七百萬件包裹可以堆滿超過兩千七百個標準足球場。

阿里巴巴要做的物流是超大型的平台級應用

回想剛到淘寶工作時，常聽馬雲多次說過，阿里巴巴是不做物流業務的。二〇一二年菜鳥成立的時候，內外部都有人在議論，阿里巴巴之所以調整業務方向，還是因為競爭的壓力，終於做了自己以前最不想做的事。

其實，此物流非彼物流。

我的理解是，早年馬雲說的不做物流是指接單、運輸、配送等組成式物流服務，而二〇一二年組建的菜鳥所做的物流，既是在為阿里系電商從業者搭建物流服務平台，也是在為原有的物流服務商搭建資訊共用、資源分享、高效協同的平台。

如同前面說過的，平台型的業務會催生一部分基礎設施建設的需求，而新型物流配套設施就是網路零售經濟發展到一定規模最需要的基礎設施之一。所以，菜鳥其實就是在搭建一個具基礎設施功能、同時又提供基礎設施應用以及配套服務的新平台，這是基於阿里系電商平台產生而又相對獨立的平台。

天網、地網和人網

前面說過，互聯網平台以及為適應互聯網平台所需而形成的基礎設施平台必須具備網狀的結構。如果我們單純講網狀、樹狀，恐怕大家不容易理解，那麼就從一個與紅酒有關的故事開始解釋一下這張網。

有一位在網路上賣紅酒的商家，銷售額連續幾年一直有所增長，但有兩個問題始終困擾著他。第一個問題是紅酒的運輸過程難以控制，一則包裝容易破損，二則運輸過程中難以保證紅酒對溫度、溼度和避光的要求，品質極有可能折損。另一個問題是，隨著網路商店生意不斷做大、庫存量增加、高檔紅酒的品類也增多，勢必需要一個空間夠大、設備夠專業的專用酒窖，但對該商家來說，獨立負擔專業倉儲空間的成本一定會形成浪費，明顯不夠經濟。

不難發現，如果使用原有的社會物流體系以及配套服務，上述問題很難獲得解決，批量紅酒運輸所使用的包裝級別相對較高，運輸過程相對穩妥，單瓶單件的運輸和配送相對風險較大，原有物流體系不可能使用批量貨運的配套來服務單瓶單件的需求。所以這位紅酒賣家只能自己解決問題，要嘛透過增加銷售規模來均攤酒窖成本和運輸風險，要嘛縮減銷售規模以避免過大的倉儲和運輸支出。在這樣的情況下，商家的網路商店經營一定會受到影響，這就是之前說到，因為基礎設施沒有配套所帶來的影響。

現在來看一下雙十一背後的整個物流體系如何織起網絡，這個網絡又如何為紅酒賣家解決問題。因為菜鳥目前在阿里巴巴這個網絡中占著主導地位，我們暫且簡稱為菜鳥網絡。

第一步：建倉。

倉儲可以被視為物流網路的一個物理節點。對於每一個單程的運輸連接來說，倉儲只是途經的一個站點，但當這些站點被有機地整合在一起之後，它們便可成為節點，參與網路的自發運轉。

讓我們回到紅酒案例。最不經濟的做法是這位商家單獨建酒窖，相對比較經濟的做

“平台型的業務會催生一部分基礎設施建設的需求，而新型物流配套設施就是網路零售經濟發展到一定規模最需要的基礎設施之一。”

法是，把同一地區的相同需求整合在一起，只需要建一個即可。比如這位商家地處上海，透過阿里系的線上交易資料，菜鳥網絡可以找到同地區有類似需求的許多商家，把大家需要存的酒都放在一個酒窖裡，這樣就可以共用空間和專業的設備。專業倉儲服務除了提供空間，還提供專業的配套服務，比如紅酒可能需按年份存放、按批次分揀，從倉庫中提貨發出時需要進行專業的包裝。商家還可以共用這些專業的配套服務。

另外還有一種更為經濟的做法。

假設這位上海的商家每個月都有一些紅酒要賣到北京，菜鳥可透過該商家以往的交易資料及當下買家的購物車、收藏夾資料，預測在一定週期內，該商家的紅酒在北京地區的大致銷量。然後，菜鳥可以在北京地區找到一個交通便利、條件合適的倉庫，把預測到的資料和目的地倉的條件、位置告知商家，讓商家在交易實際發生前把酒發往北京。這等於是將原來的發貨過程分成兩段，相對來說，發往北京倉的路途較遠，但數量較多、批量較大，而單件運輸則集中在北京倉到買家終點這一段，相較以前的單件長途運輸，風險相對較小。而且目的地倉也是同種需求共用式的，一樣能做到專業配套和資源集約。對消費者來說，縮短了從下單到收貨的時間，服務體驗也得到了保證。

可能有人會問，如果北京倉為目的地倉，那麼起點在哪裡呢？上述兩種經濟的做法可以像外掛一樣按需求自由組合，但對於一些商家、一些商品可能只需要一或只需要二，而對於另一些來說，可能需要先一後二。

我們所說的紅酒賣家，在真實情況下就是使用了先一後二的方式。他從法國進口了一百箱紅酒，先是放在上海的保稅倉庫[4]，再透過菜鳥提供的倉儲服務體系，把酒提前分別發往北京及其他地區的目的地倉，買家下單後再由目的地倉進行發貨。就這樣，這位商家有關建倉和運送過程中的配套問題才得以解決。

建立倉庫和倉庫之間的連接，即菜鳥網絡中的地網。一部分自建，另一部分引入一些地理位置、倉儲條件均合適的倉庫。一般來說，自建倉庫規模較大，品類繁雜，倉庫內設施完整，配套服務齊全；合作倉庫中則更多的是類型倉庫，有專注於某個品類的倉儲站點，比如專業酒窖，也可能是專注於提供某種服務的，比如保稅倉庫。本章開頭說到十四分鐘收到電視機的案例，最終的發貨站點就是一個地網中的合作倉庫，也許是就近的一家電視機銷售專門店和這家專門店背後的一個倉庫。

我們可以把地網看成是由這些倉庫連接起來的交通網絡，但如果僅有這些交通位置之間的連接，物流貨運服務的運轉效率得到提升的程度仍非常有限。地網本身的運轉，可能會因為資訊傳遞不順暢而時不時發生斷裂。

其實，「天網」在前面所講的紅酒賣家選擇倉庫的案例中已經露臉一次，是天網對阿里系的交易資料加以運算，預測出發貨量，才讓賣家和快遞公司提前預估和合理配置

4 係指海關核准專門用來貯存保稅貨物的倉庫，放在保稅倉庫的商品可以暫時免繳關稅。

倉儲資源及交通資源。天網是指貫穿物流過程的資料運算和傳輸網路，一端連接著即時進行中的線上交易，一端連接著所有的物流硬體和配套設施，它可以為整個物流體系賦予自主運轉的靈魂。

天網數據不僅是指貨運數量預測這種對線上交易資料的應用，還包括以數據化的方式對整個運輸過程進行即時記錄和追蹤。收寄地點、中間經過的站點、運送步驟和時間、貨運物品種類和數量、服務完成結果等這些資訊和數據，最佳的搜集點都在運送的過程中，即在對應工作發生的同時，對數據進行記錄。但以前數據獲取在人們的工作中遭到忽略，即使不被忽略，因為缺乏高效的工具和設備，即時採集數據所需的成本也過高，沒有人願意這麼做。

一張電子托運單和一個掃描器就把以前的問題解決了。透過電子托運單，很多資訊被結構化，成了可以搜集、規整並進行運算的數據。比如收件地址中的省、市、街道，電子托運單可以快速對這些資訊進行結構化，傳遞給系統之後進行集成和運算，這對菜鳥網絡選擇倉點、快遞公司選擇服務站點都有非常大的幫助。再比如，運送過程中每一次掃描托運單，都會被即時記錄，作為被服務者個體，可以即時查看快遞投件情況，而將每個站點和時間數據整合之後，我們就可以充分調度所有的在網資源，讓每一個投遞需求得到最優化的資源配置。

回到紅酒案例。天網的資料不但能幫助商家選擇合適的數量，先發貨到與買家就近的倉點，甚至可以幫助商家預測未來一段時間內的總體銷量，從而更加合理地選擇庫存數量，以提升周轉率。另外，假設一個北京的買家下單購買了一瓶紅酒，但北京倉已無庫存，此時商家就需要找到附近有這種酒的最近其他倉點，假設是在瀋陽，商家可透過天網資料，找到當下配送能力和配送時間最合適的快遞公司，幫助其完成此次從瀋陽到北京的投遞。哪個倉庫有貨，哪家快遞公司可以提供這兩點之間最快的快遞服務，都是應用托運單追蹤所整合的數據而能得到的結果。

商家、買家、快遞公司、倉儲服務商等所有參與快遞服務的人，透過協同合作而形成的網絡就是人網。在新型的物流體系中，每一個派送需求都需要三張網連動，整合出一個最優方案來滿足，當三張網以相互支撐和相互補充的方式連動起來，就像有了自主的意識一樣，才能在面對雙十一時整合調度出合理的時間和資源配置，有條不紊地消化掉如此巨大的貨運需求。

解決最後一公里的問題

二〇一二年以前，農村的網購占比一直比較低，二〇一二年第二季，淘寶農村網購占比只有百分之七點一一。近年來，占比雖略有提升，上漲幅度一直不明顯，到二〇一四年第一季也才上漲到百分之九點一一。但二〇一五年的雙十一，來自農村的交易額達到了兩億九千三百萬元，還出現農村居民集體買豪車的情況。短短一年內就發生如此巨大的變化，那麼變化是如何產生的呢？

農村網購一直沒有普及有其時代因素，也有行業的原因。首先，過去三十年是城市化進程不斷加快的三十年，城市化進程的一個重要結果，就是作為勞動力生力軍的年輕人不斷離開鄉村去到城市，他們同時也是消費的核心人群，他們組成了前幾年互聯網網購「紅利」的中堅力量，推動了網購在城市裡的快速普及，但同時，農村的消費品市場成了被人忽略的高地。

其次，和網購流行前的城市相比，農村的電商基礎設施更差，建設難度更大。前面講到的菜鳥地網也只推進到城市，當遇到農村時，菜鳥發現，中國真是太大了，隨便進一個山，不走上十幾里根本走不出來，四通八達的城市交通網路一到農村就全都消失。人網，又更加困難。大多數快遞公司最邊陲的服務站點只到縣城，沒有人進村，單量少，腳程遠，門牌號碼不好找，成本高回報少，吃力不討好。

第三個比較重要的原因是，在個人電腦時代，上網設備的普及程度是以家庭（戶）為統計單位，長期留在農村的大多數是老人、婦女和孩子，這些人使用電腦的頻率應該比較低，和互聯網的關聯程度以及對網購的接受程度也較低。

然而對阿里巴巴來說，將網購普及到農村確實具有戰略意義。農村人口是互聯網的下一個商機，這點毋庸置疑，而且行動網路真正做到了把每個人連上互聯網，手機螢幕一下子就拉近了城鄉之間的距離，使得農村和城市沒有本質上的區別。可以說是行動網路帶來農村商機被引爆的可能，也為電商帶去了朝農村發展既迫切又光明的契機。

農村的消費品市場可以說被壓抑了很多年，到現在來看，簡直有點像未被開墾的處女地。一般來說，承載農村消費品零售功能的就是每個村村口的那家小店，這些小店大多只賣些油鹽醬醋、香菸等生活必需品，幾乎沒有什麼可選的品項，比如襪子只賣最普通的棉襪，要買絲襪就要等到下一次進城時再買。零售商品的短缺，購物太不便捷，這給了電商一個進入農村的絕佳機會，如果電商能為農村消費者帶去和城市消費者一樣的購物體驗，那麼電商和農村原有的零售相比，簡直就像《三體》[5]裡高維打擊低維一樣，全面占領和全面升級幾乎是一觸即發。

但是，成功的前提非常重要，那就是「提供和城市一樣的網購體驗」。要提供和城市一樣的網購體驗，就像前面說的，需要建設與之相適應的基礎設施，也就是解決「最後一公里」的問題。

仔細分析，我們不難發現，「最後一公里」可以拆解為兩個部分：一部分是物流基礎設施和服務，如何從縣一級下沉到村一級；另一部分則是怎麼把網購及其各種配套服務帶到農村終端消費者的身邊，減少他們和網購之間的距離。所以，從體系上來說，雖然我們談到了阿里巴巴的農村戰略，實際上還是在講菜鳥網絡。

5 中國作家劉慈欣於《科幻世界》雜誌連載的長篇科幻小說。

> “農村人口是互聯網的下一個商機，行動網路帶來農村商機被引爆的可能，也為電商帶去了朝農村發展既迫切又光明的契機。”

阿里系的業務就是這樣，透過業務場景的延伸，自然而然帶出基礎設施的建設，隨著基礎設施建設的完成，又衍生出新的業務模式和業務形態，但凡此種種，無論是基礎設施或業務形態，都脫離不了交易的本質，任何脫離了實體交易的所謂平台、所謂互聯網業務，都是沒有根基、沒有生命力的。

既然還是菜鳥網絡的體系，那麼就用鋪地網和人網的方式，向農村的最終端展開。

這一次展開的關鍵是末端地網和人網的結點，應該如何設置以及在哪裡設置。在拓荒期，農村的快遞單量肯定不足以推動快遞公司把縣一級的末端服務站向下到村，所以農村的地網末梢建設不能像城市那樣，主要依靠快遞公司自己來建設。人網和地網的最終結點一定是在村，也就是距離村民最近的地方。既然不能依靠別人，那麼也許可以依靠村民自己來解決這個問題。比如村口的小店就可以變成地網的終點倉，而店主也能為村民直接提供收寄服務，從而參與到人網的協同當中。現在的關鍵是需要一種機制，激發村民主動把自己連接進網絡，也就是如果他們加入人網和地網能得到什麼。

阿里巴巴解決這個問題的辦法，也非常具有阿里系平台型業務的特徵。在每個村選出合適的村民，讓他成為「農村合夥人」，使這些人具備向村民推廣網購的能力，在他們幫助村民上網下單買東西後，就可從中得到交易返點。在這種「村民買得多，我就賺得多」的利益機制作用下，農村合夥人更加積極地向村民推銷網上購物，還主動向大家提供周邊服務，比如替村民和商家溝通、替村民申請售後服務，以及買衣服前替大家量身高、肩寬、三圍大小等。商家只需支出一點點推廣費用，就能讓自己商品的網路銷售向下到農村，村民便可享受到方便快捷的網購服務，同時阿里系的網購平台也可在更大範圍內涵蓋到農村用戶。

除了「村點」，地網還在縣一級做了部署。阿里巴巴在每個縣都建立了「縣點」，作為這個縣輻射範圍內所有村點的營運中心。縣級營運中心由阿里巴巴自行搭建，實際上承擔了物流縣級倉儲中心、網購用戶體驗中心、大件商品展示中心以及村點管理服務中心這四個角色，透過為村民提供商品展示和下單體驗服務，拉近村民和網購之間的距離，透過為各個村點提供貨運倉儲和配送服務及管理培訓、經營指導來連接縣點和村點，最終使物流服務、售後服務等網購配套服務均能順暢地從縣一級站點貫通到村，讓每個村民都能享受到網購的方便和快捷，從而在基礎設施建設和業務推進兩個層面，同時解決掉「最後一公里」的問題。

讓我們回到雙十一。

過去十年裡，阿里巴巴改變了很多人的消費習慣，在這個「改變」的過程裡，雙十一扮演著關鍵的角色。網購初期，雙十一的便宜降低了我們嘗試網購的門檻，一旦開始網購，它的實惠、方便甚至趣味性，便悄無聲息、潛移默化地把我們的消費需求拉高了，一旦拉高，就很難再降回去，這就是所謂的「制輪效應」。

當更多人參與雙十一後，我們的周圍就會形成一種可以相互影響和傳染的氛圍，這讓每個人都能從中獲得參與感，也使得雙十一涵蓋到更大的範圍，讓更多人透過雙十一接觸並開始習慣網購。可以說，在過去的幾年裡，雙十一在消費者端發揮了網購啟蒙的作用。而今天，雙十一在農村正在發揮它當年在城市的作用。

企業案例一：威露士意外的雙十一成績單

二〇一五年雙十一活動期間（十一月十一日至十三日），威露士透過天貓售出了一百八十萬套商品，若將包裹全都連起來，高度有七十二萬公尺，相當於八百座八百二十八公尺高的杜拜塔。

活動第二天，威露士便完成訂單百分之八十的發貨量，淘寶物流DSR（店鋪的動態評分）高於業界平均約百分之三十，整體簽收時效平均為三天。這一成績比前一年依靠自己的物流能力所支撐的業績要好太多，大大超出了威露士的預期。

二〇一二年，威露士開始接觸網路。此前，商場中的超市等實體通路是威露士這類日用化學品銷售的首要管道，但由於傳統管道存在進場費、上架費、扣款等多種隱形支出，並在電商的衝擊下不斷推高通路成本，導致廠商不堪負荷。目前威露士已調整通路策略，降低了對大賣場的依賴，並逐步從一些商場中的超市下架威露士產品，目前已全面退出華潤萬家和家樂福。

剛開始布局電商管道時，威露士的成績並不出眾，其中，物流成為推進業務過程中最頭痛的問題。它的物流問題主要集中在兩個方面：一方面物流成本過高，另一方面發貨週期長，容易帶給消費者負面的購物體驗。從日用化學品行業的平均數據來看，物流成本占比在百分之二十到三十左右，最多時甚至能達到百分之四十。這裡所說的物流成本主要是指用於末端產品派送的快遞費用，即從倉庫到客戶手中的整段物流費用。而在類似雙十一的大型促銷活動中，物流的消化能力也決定了商家的最終出貨量。威露士的自有物流能力最高只能承接不到六十萬套產品，二〇一四年的雙十一，整整花了二十天才完成發貨，事後物流DSR為百分之六十，低於業界平均水準。

二〇一五年，威露士在制訂雙十一的銷售策略時，選擇和菜鳥網絡進行合作，除了想透過菜鳥的服務做到將物流成本集約化之外，也希望能幫助威露士提高消化量、提升用戶的配送體驗。

經過多次溝通，菜鳥向威露士提供了適用於威露士銷售網路的倉儲和倉配服務。在確定好銷售產品的價格之後，威露士根據往年的產品分銷比例，提前備貨至菜鳥位於北京、上海、廣州、武漢和成都的倉庫，這些倉庫分別涵蓋華北、華東、華南、西南和華中地區，總面積一百萬平方公尺。其中，北京倉靠近天津，上海倉靠近嘉興，而廣州的中心倉已經投入使用。

菜鳥在這五個中心倉之外，還與倉儲和物流公司以合作共建、租用的方式進行對應。據悉，菜鳥此前還收購了亞馬遜位於上海號稱「亞洲最先進」的倉儲中心（面積達十萬平方公尺），包括後者先進的分揀設備，全部會根據阿里巴巴平台上的品類對倉儲做出調整改進。

倉庫解決之後，接下來就是倉儲配送以及倉庫和負責配送的物流公司之間的對應問題。據了解，負責威露士倉庫的是蜂網和越海兩家公司，負責配送的合作公司更多，既有中通這樣的快遞公司，也有萬象這類從事落地配的企業。如果沒有銜接好節奏，倉庫的快速出貨反而會堵塞配送合作夥伴的分撥中心。

這就需要有一個高效率的溝通協調機制來幫助快遞公司一起提高效率。威露士藉由二〇一四年雙十一了解自身在物流上的不足後，便將紙質托運單全部更換為電子托運單，並提前打包產品，不再一件件進行倉內分揀。這樣一來，商品出庫的速度就加快了。

同時，菜鳥網絡所合作的倉儲配送公司在整個倉儲配送過程中，幾乎把每一個步驟都精確計算到秒。比如擺放位置是高空貨架還是地面，就對出倉時間有不同影響，離打包區是十公尺還是七公尺，對打包的時間也有影響。

二〇一五年雙十一之前，菜鳥的電子托運單就已經被快遞公司大規模使用，並且透過大數據分單，讓倉儲配送和快遞公司之間的銜接更加順暢和及時。快遞公司的效率提高了，菜鳥透過機制進行協調時，也能夠即時掌握各類突發情況。

威露士在二〇一五年雙十一中取得的佳績，和其正確使用菜鳥所提供的網絡和服務是密不可分的。尤其是像日用化學快速消費品這一類貨運成本高、訂單進出頻發、倉儲配送難度較大的品類，菜鳥所提供的集約式服務能帶來的效果十分顯著。

大數據和小應用

有沒有想過，互聯網技術為什麼會為我們的生活帶來那麼大的變化？

互聯網技術其實就是一種資訊傳遞的技術進步，它讓全球的人與人之間得以即時產生、即時共用的資訊，讓訊息傳遞突破時空限制，擺脫因為傳輸介面的流動性差而帶來的傳播障礙，它讓每個人都能以更快速度獲得更多資訊，同時也打破了原本因為資訊壁壘而產生的很多行業門檻。它正在逐漸拉平所有人的機會，因為早晚有一天，所有人將實現面對所有人的願望。

“互聯網技術正在逐漸拉平所有人的機會，因為早晚有一天，所有人將實現面對所有人的願望。”

互聯網對資訊傳播的影響，我們可以透過寫書、出書、寫文章這件事的變化清楚地了解。在文字產生之前，人們主要透過兩種方式來講述經驗和故事，一種是在各種器皿和洞穴（墳墓）的牆壁上刻刻畫畫，另一種則是口耳相傳。然而，仍有大量的故事因為當時資訊傳遞的斷裂而流失，或者根本無從查找考證。然後文字產生了，但是因為把字寫下來的成本很高，認字讀書成為非常奢侈的事，人們根本沒有充裕的資源和精力用文字來表現故事、傳情達意。因此，直到人們發明了造紙術和印刷術，才出現各種文學形式，以及各類型的圖書。後來，隨著印刷成本不斷降低，出版業才開始發展。不過因為資訊的生產成本依然較高，傳播範圍依然有限，所以寫書的門檻依舊很高，作家們都要熬很多年寫出真正的傳世之作，才能透過很長時間的傳播到達喜愛它的讀者，才能收回對價。

而在網路出現後，上一刻這個世界上某個角落發生的事情，下一刻就有可能被人寫出來或編到故事裡；上一刻寫完的東西在網路上一發表，下一刻全世界的人都有可能看到；上一刻剛剛發到網路上的文章，下一刻作者就能直接看到所有人的回饋，知道自己寫的東西是否受歡迎。生產的成本變得很低，傳播的速度變得很快，這使得但凡識字、凡會組織語言的人，都可以敲擊鍵盤寫出東西，每個人都有生產資訊給別人看的機會。於是我們看到了「網路文學」，看到了「自媒體大號」，看到了每天在朋友圈裡激起一波又一波的熱門觀點。

資訊生產的成本和傳播的成本都變低了，很多人都說這就是「資訊爆炸」的成因。也有人說，因為互聯網，我們開始更常關注碎片資訊，網路上的碎片資訊品質參差不齊，內容愈來愈差，導致我們變得愈來愈笨、愈來愈浮躁，而且愈來愈不去追求對知識的深入理解和積累。對此，我並不同意。資訊的廣泛傳播，會使資訊類型和資訊數量在絕對值上比以往多得多。最直接的效果應該是會讓人們所了解的事物類型更豐富，使人們的眼界更開闊。舉個例子，我母親上網購物之前，她並不知道這個世界還有掃地機器人這種東西，在她用微信朋友圈之前，也不知道創業公司融資是怎麼一回事，而現在，她都已經了解了。

事實上，資訊確實愈來愈多了，我們該如何利用愈來愈複雜、變化愈來愈快的資訊環境，尤其是在商業應用領域，這個問題變得愈來愈重要。

把數據當做生產要素

數據就是資訊。互聯網加快了資訊傳遞的速度，也就是說，數據產生和傳遞的速度正在不斷加快。

數據對於商業體的作用，其實並不需要互聯網來強調，從商業誕生的那一天起，數據的獲取和流動就開始了，只是在沒有資訊技術支撐時，商務人士直接接觸到有用數據的可能性非常小，因為僅僅一個數據搜集環節的成本就讓很多商家負擔不起。比如，以前經常服務於快速消費品牌的著名市場調查研究公司AC尼爾森，要使用大量的賣場監測和到府調查研究，才能掌握到比較有效的數據樣本，才能對品牌的市場占有率及消費者購買傾向進行分析。互聯網讓資料搜集過程的代價變低，因為互聯網業務結構的原始狀態就是把事物以「數據的表現方式」反映到網路上進行連結，所以互聯網數據基本都是結構化的，大大降低了數據分析和應用工作的成本。

從市場回收來的數據若能得到及時和準確的應用，下一個階段的市場策略就可以得到恰當的調整，使市場收益得到更好的保證；從供應鏈各個環節積累下來的數據，如果能得到有效的整合，就可能使供應鏈各環節的組織和協作產生更大的效益，形成更靈活的周轉方式，從而降低生產成本。數據是可以被活用在從生產到通路再到零售的整個商業鏈的每一個環節當中。在每一個應用過程中，它不是可以幫助提升效率，就是可以幫助降低風險；它所帶來的實效與價值，和先進的生產技術或機器、有經驗的生產者或經營者是一樣的。

因此，數據也是一項非常重要的生產要素。資訊技術和互聯網時代，讓數據及時參與生產過程，在現實中變成有實現的可能。

互聯網時代的數據建設

雙十一之所以能為幾億的消費者同時提供網購服務，並在短時間內調配眾多社會資源來支持那麼大規模消費的產生和運轉，是因為雙十一對阿里系以電商核心業務為中心的大數據進行了一定程度的應用。作為大平台，阿里巴巴要為雙十一這樣基於其上的商業應用提供足夠的支撐，必須在底層做到良好的建設。

光是討論如何建設阿里巴巴的資料底層，並沒有什麼意義，一則因為有更專業的人在別的書裡談過，二則阿里巴巴是一個超級大平台，它的資料建設方式並不一定適用於每個人，在此僅提及幾點值得學習和參照的地方。

互聯網業務，無論是工具還是平台，或者是一種垂直的專門應用，都是以和用戶互動的形式開始。只要有和用戶交互的過程，就會產生資料。有些業務模式在資料方面做得不錯，發展到一定階段之後又展現出很好的資料潛力，而另一些在這個方面有所缺失的業務模式，很重要的原因就是沒有做到對資料的主動搜集。

有一款許多女性使用的應用程式叫做「大姨嗎」，可以記錄月經週期及週期中伴隨的症狀。時間一長，「大姨嗎」就能搜集到大量女性的個人資訊，比如年齡、職業等，以及每個人的生理週期和健康狀況。在用戶的使用過程當中，這些資料自然而然地記錄下來，而且一開始就是高度結構化，最終，無論是對用戶個人的健康管理或對「大姨嗎」進行商業應用，都有非常高的應用價值。所以，無論我們在做什麼樣的互聯網業務，都要注意進行資料搜集的前置設計。

以前中國有句老話叫做「好記性不如爛筆頭」，但用筆能記下來的數據，數量仍然

> 數據是可以被活用在從生產到通路再到零售的整個商業鏈的每一個環節當中。

非常有限，使用難度仍然很高。訊息技術的一個很重要的好處是，記錄數據的成本變得很低，儲存數據的量和時長都被增大。可以說，透過以往的數據積累去分析趨勢和變化，甚至藉由機器對過往數據進行學習而產出一些智慧化的應用等，都是互聯網時代數據應用的天然優勢。

此外，還有一個優勢也是我們不能忽略的，那就是數據的即時性。

相信很多人都留意到了，當我們打開「滴滴出行」的 APP 準備叫車時，頁面上會即時顯示附近有多少輛計程車、多少輛快車[6]，這可以讓我們非常容易了解到自己所在位置是否容易叫到車。同樣地，百度地圖導航和高德地圖導航也都能做到；按照即時路況，在地圖上顯示前方道路是否壅塞，並以不同的顏色標示出來，以供駕駛人自行選擇路線。

對於零售，將即時數據與零售場景進行配對也具有很高的價值。比如二〇一五年雙十一當天後半場時，天貓就根據前半場消費者的購物情況，對推送給每個人的商品都進行了調整。已經購買的就降低展現優先順序，某個瀏覽過多次卻還沒下單的品類則提高推薦和展現的優先順序，這對於提高雙十一整體成交量非常有幫助。當然，對於商家進行行銷來說，即時資料配對推送，也具有極大意義。

最後一點可能是最難做到的，但十分關鍵，即要注意數據對外的流通性。曾有專門為天貓平台上的品牌商提供數據服務的服務商向阿里巴巴提出，它們在為某個戶外品牌進行數據服務時，非常希望能和微博的數據進行交叉比對，比如透過用戶配對，找到在微博分享旅行照片的各種戶外愛好者，並找出他們最喜愛的戶外品牌，透過比對喜歡登山和垂釣的人，發現他們對戶外服裝品牌的偏好是否存在明顯的區別等。但因為在天貓、淘寶和微博的登錄帳號之間找不到對應，因此兩邊都成了孤立的數據，沒辦法相互參照和比對，更沒辦法發現兩邊數據在交流後可能會產生的「化學反應」。

在這方面，大多數互聯網企業都沒有做得很好，大家都在考慮自己的數據安全和數據資產。阿里系的電商業務是世界上用戶規模最大的網購平台，從底層服務到前端市場配套，用戶服務類型齊全，數據的內迴圈規模已經很大，所以也就不急著對外流通。唯一流通的方式就是開放部分數據介面，提供商家和數據服務商使用，使用方式也是外部使用方把使用方式（數據演算）導入資料庫，運算得出結果後，外部使用方即可透過介面得到結果回饋。這種流通方式其實是單向的，外部使用方對數據的應用方式、結果、迭代等行為，也都以數據形式被記錄和儲存在阿里巴巴的數據體系內，但外部使用方不能得到阿里巴巴數據系統的數據交換或數據行為互動。

數據要真正成為生產要素，就必須在一個能流通的環境內流轉起來。個人認為，大數據只有在實現高度流通之後，才會真正顯現出驚人的價值。

6 類似 Uber 所使用的車。

> 大數據只有在實現高度流通之後，才會真正顯現出驚人的價值。

了解數據應用，掌握改善時機

大數據其實是一個對大多數商業個體沒什麼用的概念，只有像天貓、淘寶這種大平台或像微信這種巨型工具，去談大數據才有意義。因為對它們來說，除了自己應用數據來提升自營業務的成績之外，很重要的是要如何將數據分享給外部使用，從而謀求更大的數據價值。比如微信透過人群數據，在朋友圈推送廣告；或者阿里巴巴透過數據演算，將商品推送給消費者以提升交易轉換。

對品牌商、商家來說，更重要的是，知道數據能為自己帶來什麼實際效用。比如可以在行銷上幫忙鎖定推廣目標，節省廣告成本；或者透過數據分析，發現自己在某方面的服務未跟上競爭對手的腳步，影響了前一階段的銷售額，藉由數據找到問題的關鍵，以免貽誤改善時機。

對互聯網企業來說，做一個 APP 最重要的也是要知道數據能為自己解決什麼問題，比如 APP 的變現途徑主要是廣告，那麼對這家互聯網公司來說，了解自己的用戶群體及其偏好就非常重要。因為只有盡量做到讓 APP 裡的廣告不招人煩，才能保持變現通道的長期暢通和活力。於是，從前端用戶互動搜集資料開始，到後端自己建設合理的資料庫，再到和廣告模式相互貫通，數據工作脫離不了這幾個方面。

這些工作必須基於具體的數據應用場景而促發，不一定非得和「大數據」搭上邊，只要所做的符合互聯網數據特徵，滿足數據工作的要求即可。

阿里雲的強大作用

香港電影《寒戰》第二部裡，有一場正義一方獲得證據、走出困頓局面的關鍵情節，周潤發飾演的律師簡大狀把男主角劉警司請到家裡，將自己愛徒臨死前拍到的同夥照片洗出來交給劉警司，愛徒的相機原本已毀，可簡大狀說了一句話：「那個誰想得周到，在雲端同步了一份。」

「雲端」，在電影的台詞裡驚鴻一瞥。

「雲端」是什麼？能用來做什麼？

我們的生活裡也有這樣的場景。當iPhone的儲存空間不夠時，會把手機裡的照片、影片、通訊錄等資訊都同步儲存到iCloud（蘋果公司提供的雲端服務），一方面讓手機騰出空間，另一方面可保證將這些資訊保存較長的時間，永不遺失。

看起來，雲端更持久、更不容易遭到破壞，好像很有用的樣子。是的，雲端確實能在剛剛說到的類似場景中發揮作用，但必須要說，這些還僅僅是雲端在個人化應用場景中的表現，當它成為一個平台時，它的能量要大得多。

頂尖的雲端系統造就雙十一的大規模交易

二〇一五年，天貓雙十一的成交總額為九百一十二億一千七百萬元人民幣，平均每一秒有十四萬筆訂單成交，支付峰值達到每秒鐘八萬五千九百筆。相較於二〇〇九年首屆雙十一，訂單創建峰值增長了三百五十倍，支付峰值增長了四百三十倍。

如果只是拋出此類數據，大家大概不會有什麼感覺，更不會了解到這背後可能需要什麼樣的技術來支撐。在訂單量、支付峰值比現在少很多倍的二〇〇九年、一〇年、一一年，雙十一當天，阿里巴巴的技術人員半數會在崗位上嚴陣以待，即便如此，每年還是會出現系統一時癱瘓、部分交易出錯等問題。但是，二〇一五年雙十一在呈現前所未有的規模同時，整個系統反而沒有出現之前的問題，在背後發揮至關重要作用的，正是那片雲。

首先，我們來看當天的一組數據：

- 五分一秒：交易創建達到峰值每秒十四萬筆。
- 九分二秒：支付達到峰值每秒八萬五千九百筆。

若對這兩組數字無感，不妨做個對比。VisaNet是世界上最大的交易和資訊處理網路之一，Visa就是一種以此網路為基礎、幫助金融機構客戶、消費者、商戶、企業和政府機構實現價值和資訊傳遞的支付工具，它的支付峰值是每秒一萬四千筆（在實驗室測試是每秒五萬六千筆）；MasterCard的實驗室測試結果是每秒四萬筆。即使都是以實驗室的數據和支付寶的實際操作數據進行比較，也差不多只有支付寶支付峰值的一半。這不僅僅是因為雙十一期間集中使用支付寶支付的人數和交易數量更大，更重要的是，背後支撐交易實現的技術系統也十分強大。

在此補充解釋一個問題：為什麼不論哪種系統，支付能實現的筆數比交易能實現的筆數都低？這是因為交易創建在支付寶系統內部就可以實現，但若需進行支付，就會涉及帳戶扣款，資金來源可以是餘額寶、花唄（支付寶的買家消費信用產品）或銀行管道，尤其是來自銀行，比如信用卡和提款卡等，每一次操作都需要交互時間。一般來說，傳統網路銀行的支付峰值大多是在每秒幾千筆。在前幾年的雙十一，我們買東西時或許都看過頁面上的類似提示：「前方排隊，請耐心等待」，不明真相的群眾會以為天貓、支付寶控制不住交易和支付的人流而崩潰。其實，真實情況很可能是大家都已經在網路銀行排隊了。

總之，二〇一五年雙十一的交易筆數，在全球的支付系統中都是遙遙領先。

看起來是作為支付工具的支付寶在技術層面做到了「先進」，實則是雲端在背後作為資料運算系統，在速度、協同、穩定和安全等方面都做到了「頂尖」。

運算能力輸出：支援商家每日四百萬份訂單

二〇一五年，阿里雲將繼續透過「聚石塔」，向參與雙十一的商家輸送充足的運算能力。搭建在阿里雲平台上的聚石塔預計將處理百分之九十九以上的雙十一交易訂單，可支援單個天貓商家，每天處理超過四百萬張訂單。

聚石塔是什麼？在解釋聚石塔之前，我們先了解另一個概念：開放應用程式介面（API），即阿里巴巴將自己的網站服務和數據服務封裝成一系列API開放出去，提供商家和第三方開發者使用，這麼做一方面可透過API取數，讓商家更清楚獲取和自己經營範圍相關的資料資訊，另一方面也可滿足商家在各個服務埠千變萬化的現實需求。聚石塔和開放API有著相同或類似的作用，但從某種意義上來說，API提供了開放工具，而聚石塔做的則是開放環境。

比較標準的解釋是，聚石塔是基於電子商務業務的運算、共用平台，提供安全的系統部署環境（雲端主機）和資料庫環境，同時利用阿里巴巴的內部網路優勢，快速獲取天貓、淘寶的資料，與其他軟體服務商共用資料，從而達到真正的三方整合。聚石塔的產品主要包含兩大塊，分別是雲端主機與雲端資料庫。它強大的資料管理功能，讓商家在天貓的主要交易、商品、退款等關鍵資料上，以主動推送的方式代替API取數的過程，大大提升了取數的效率及準確性，同時也降低了寬頻的成本。透過淘寶平台化的開放和規範，也降低了獨立軟體供應商（ISV）的整合成本，提高整合效率。

二〇一二年開始，聚石塔以阿里雲為基礎推出了一整套的解決方案，為天貓、淘寶平台上的服務商及商家服務。聚石塔部署在阿里雲的遠端資料中心，在安全條件、穩定性、性能上都遠超過商家的辦公環境和傳統互聯網資料中心，針對設備故障、斷網斷電等均有應急備案。

在傳統模式下，商家做促銷時要進行伺服器擴充，小賣家要去電腦商城買幾台機器回家，大賣家則需要臨時尋找互聯網資料中心的資源，在應付完促銷節點之後，業務量回落，伺服器又會閒置無用，造成很大的浪費。透過聚石塔，商家可以隨時線上擴充伺服器資源，想用幾天就用幾天，之後再縮小，低碳環保又省錢。

二〇一四年，聚石塔處理了百分之九十六的雙十一訂單，無一故障、無一漏單。二〇一五年，透過雲端運算系統的優化和對中介軟體能力的使用，服務商應用系統的整體性能比之前提升了百分之六十二，能支持單個商家每天四百萬份以上訂單的處理能力。

金融雲架構：支援每日十億筆支付能力

阿里雲總裁胡曉明指出，在二〇一五年雙十一，淘寶、天貓核心交易鏈條和支付寶核心支付鏈條的部分流量，被直接切換到阿里雲的公共雲端運算平台上。透過將公共雲端和專有雲端無縫連接的模式，全面支撐雙十一。

因此，如果從技術層面來看，二〇一五年雙十一也是全球最大規模的一次混合雲彈性架構實踐。阿里巴巴成為全球大型互聯網公司中，第一個將核心交易系統放在雲端上的企業。阿里雲成為全球第一家有能力支撐核心交易系統的雲端服務商。

「將淘寶、天貓、支付寶這麼龐大、複雜、與錢緊密關聯的系統搬到雲上，除了我們，全世界還沒有第二家，這包括全球其他所有的互聯網巨頭和雲計算公司。」胡曉明說，阿里巴巴希望在自身最重要的商業實踐中，驗證雲端運算的安全性、可靠性，向世界證明雲端運算的優勢。

胡曉明強調：「這一混合雲架構完全是基於阿里雲官網在售的標準化產品搭建的。也就是說，透過這些標準化的產品，可以搭建一個像淘寶、天貓這樣萬億級的企業應用，滿足任何極端的業務挑戰。」

「在雙十一中應用的關鍵技術，都將變成阿里雲上的標準化產品向外輸出。」胡曉明說，「我們希望把驗證過的技術盡快分享給全球的創新創業者。」

據悉，經此次雙十一驗證並計畫輸出的技術包括：應用於異地多活的資料傳輸產品 Data Transmission、即時運算系統 StreamSQL、資料視覺化引擎 dataV 等。

據阿里巴巴的內部資料介紹，支付寶在技術上已全面升級到金融雲架構，可以支援每日十億筆以上的支付處理，並且具備金融級的「異地多活」容災能力。

與支付寶合作的兩百多家銀行，一直是雙十一支付保障的主力軍。二〇一六年，各家銀行的系統容量在去年雙十一的基礎上擴大了一倍。從八月開始，各家銀行就逐步對擴充後的系統進行仿實戰的高強度壓力測試。壓力測試涵蓋了用戶從開始購物到創建交易、連接收銀台到最終完成支付的整個鏈路，確保包含基礎設施、業務系統和銀行管道在內的整個系統都可以穩定支撐雙十一的驚人支付洪峰。

一鍵建站：九十分鐘再造淘寶天貓

每年雙十一，為了應付巨大的流量衝擊，阿里巴巴需要在技術系統中新建淘寶和天貓的交易單元，與原有系統一起「協同作戰」，以便分散流量，減輕系統負擔。

以往，重新部署一套交易單元至少需要一個月的準備時間。二〇一五年的雙十一，由於採用了「一鍵建站」的技術，使得這項費時費力的巨大工程，得以在九十分鐘內自動化完成。

「一鍵建站」是指在基礎設施具備的條件下，透過阿里巴巴自主研發的自動化軟體，將中介軟體、資料庫、商品交易系統、商品展示系統等上百個電商核心系統，像堆積木般部署完成。整個過程一鍵完成，基本上無須人工干預，所需時間不到九十分鐘。

ODPS：資料狂歡背後的超強運算引擎

前面提過，無論是平台型電商還是個體商家，抑或獨立開發 APP 的互聯網業務，都需要能對網路產生的大數據進行應用，且在應用前必須讓資料變得完整、變「活」、能流通，而這少不了背後要有運算引擎進行支撐。

「整個天貓的雙十一，你看到的一切幾乎都是由演算法決定的。」在數據科學家看來，雙十一是無數個「0和1」、成千上萬套演算法的疊加。這是一場機器和數學公式主導的全球購物狂歡。

二〇一五年雙十一，無線端的交易已占主導地位。手機螢小，如何為用戶創造更個性化、更智慧化的購物體驗，就需要利用阿里巴巴所儲存的數百PB（二的五十次方位元組）資料，並透過阿里雲自主研發的大數據處理平台ODPS來運算。

ODPS，大數據運算服務，是一種快速、完全託管的TB/PB（TB是二的四十次方位元組）級資料倉儲解決方案。大數據運算服務向用戶提供完善的資料導入方案以及多種經典的分散式計算模型，能夠更快速地解決用戶海量資料的運算問題，有效降低企業成本，並保障資料安全。

二〇一五年雙十一，天貓、淘寶、支付寶、菜鳥等所有基於購物狂歡場景產生的資料應用場景背後的大數據處理工作，都是由阿里雲的ODPS來完成。在「二〇一五世界資料排序基準競賽」（Sort Benchmark 2015）中，阿里雲的ODPS用三百七十七秒完成了100TB的數據排序，打破了此前Apache Spark（一個圍繞速度、易用性和複雜分析構建的大數據處理框架）創造的一千四百零六秒紀錄，一舉創下了四項世界紀錄。

天貓還在透過ODPS的大數據和即時運算能力，嘗試讓商家根據消費者的即時位置推薦商品。比如當外地遊客在逛西湖時，不妨推薦他們一些杭州特產。

dataV：即時觸摸數據世界的脈搏

自二〇一三年起，雙十一交易數據大螢幕成為對外直播狂歡節的重要視窗，而在二〇一五年的全球狂歡節上，這一巨型數據大螢幕還被移植到水立方，以即時動態可視圖的形式向全球用戶直播雙十一的數據魅力。

在水立方的數據大螢幕上，該資料視覺化引擎既可利用 3D WebGL 技術從宏觀角度展示雙十一平台的總體交易訂單和實時全量流向，也可透過便捷的交互手段深入到城市級別，進行微觀的人群畫像分析。

這種數據的視覺化是透過阿里巴巴自主研發的一套 dataV 引擎來實現的，該引擎完全基於 Web 技術（互聯網應用開發技術），可快速、低成本地進行部署。除了對外展示數據，還可用於對內部的商品、交易、支付、資料中心等方面的可視化呈現和管理，幫助實現更精準的調控。

據說，目前這項技術正透過阿里雲向外輸出，很快將會有標準化產品推出。

全站加密，確保全球用戶連結安全

雙十一已成為全球的節日，天貓國際讓全球的商家參與進來，速賣通又讓國外消費者可買到中國製造的商品，那麼如果非洲的朋友想買中國製的馬桶，他的體驗會如何？

為了提供更安全快速的連結體驗，阿里雲二〇一六年將部署內容傳遞網路（CDN）

的國家和地區增加到了三十多個，涵蓋除南極洲以外的六大洲，可從容應付愈來愈多的海外用戶同時連結。在國內，阿里雲擁有近五百個CDN節點，頻寬超過10Tbps（兆百萬位元／秒），實現毫秒級回應。

不僅要快，還要安全，阿里雲CDN為保障二〇一五年雙十一狂歡節的有序進行，幫助淘寶、天貓、聚划算等阿里系電商平台全面實現https加密連結，能有效防止資源被劫持，使用戶端與伺服器之間收發的資訊傳輸更安全。據悉，這也是全球首家實現全站https加密連結的大型電商網站。

精準識別流量是用戶，還是駭客攻擊？

遇到類似雙十一這樣的大型促銷，不少電商平台都出現流量激增的情況。此時如何分辨哪些是正常流量、哪些是駭客藉機惡意攻擊搗亂，在過去一直是個難題。

二〇一五年雙十一期間，阿里雲透過資料模式實現了一種叫做「分散式阻斷服務攻擊」（DDoS）的檢測。當流量來襲，在進行安全防禦之前，系統透過好人行為模型、惡意IP位址比對等技術手段，完成了對流量成分的分析。由於資料運算的能力十分強大，這套檢測模型既能做到不放過任何一個駭客，也能做到不讓任何一個正常用戶的連結受阻，並且不使用戶的連結時間變長，影響連結體驗。

細心的淘寶用戶可能已經發現，現在的雙十一省略了繁瑣的驗證碼輸入，「買買買」

的體驗更加便捷。這背後其實是一套反詐欺產品的功勞。

過去，設置手動輸入驗證碼主要是為了幫助系統識別正在交易的究竟是用戶還是機器。隨著反詐欺產品透過資料模式從用戶敲擊鍵盤、滑動滑鼠、點擊瀏覽頁面等行為中運算分析出電腦前的究竟是真實用戶還是機器，驗證碼終將逐漸完成使命，退出風險控管防禦的歷史舞台。

而平台的價值就是要把這些服務開發成標準模組，然後以最恰當的方式輸出。前面提到的安全產品也已開發成安全品牌雲盾，透過阿里雲平台進行對外輸出。

手機淘寶一秒打開

不知道大家有沒有類似的經歷，想要開啟一款APP，卻因為點開圖示後，手機螢幕半天沒有反應而關掉或退出了APP，有過幾次這樣的經驗後，這款APP不是躺在手機裡沉睡，就是被我們刪掉並遺忘。

在無線端，讓消費者從打開APP的那一瞬間就擁有並保持良好的體驗，是特別重要的事情。二〇一五年雙十一，為了讓所有人都能以最快速度打開手機淘寶，阿里巴巴搭建了一個世界級的無線雲平台，能夠同時服務億級用戶，並實現一系列技術優化：記憶體節省百分之五十，滑動速度提升百分之二十，一秒之內打開手機淘寶頁面。

雲裡面是什麼

異地多活

在硬體層面，阿里雲取得了一個關鍵的進展，也是前面提過的「異地多活」。所謂「異地多活」，就是多個地點的資料中心在正常模式下協同工作，並為行為業務提供服務，當某個資料中心發生故障或災難時，其他資料中心便可接管其業務，達到互相備分的效果，實現用戶的「故障無感知」。

其實，早在二〇一四年的雙十一，阿里巴巴就已經實現交易系統的「異地雙活」。和「雙活」相比，「多活」最大的變化有兩點：一是同時實現了交易和支付的「多活」；二是異地資料中心的最遠距離超過了一千公里，這意謂著阿里巴巴具備了在全國任意節點部署交易系統的能力。尤其是在像支付寶這樣高度複雜與嚴謹的金融系統中，實現一千公里以上「異地多活」的能力，在全球實屬首例。

公開資料顯示，全球能夠做到異地多活的只有少數幾家互聯網巨頭，如Google、臉書，但無論是用於搜尋還是社交，對資料同步性、一致性的要求都遠不如用於電商來得苛刻。試想在交易、支付過程中，如果因為資料中心之間的協同問題使用戶介面出現交易金額多個零或少個零，那將為整個業務平台的安全問題帶來多大的影響。

自研資料庫支撐全球最強支付平台

二〇一五年雙十一當天，螞蟻金服旗下的支付寶平穩支撐起每秒八萬五千九百筆的交易峰值，是二〇一四年雙十一峰值每秒三萬八千五百筆的二點二三倍。這一數字大幅超越了 Visa 和 MasterCard 的實際處理能力，甚至比兩者的實驗室資料都高出一大截。這意謂著，支撐起雙十一龐大交易額的支付系統，在技術上已大幅領先全球。

支撐支付寶實現的祕密武器，是阿里巴巴與螞蟻金服自主研發的分散式關係型資料庫 OceanBase。阿里巴巴表示，OceanBase 是中國第一個具有自主知識產權的資料庫，也是全球第一個應用在金融業務的分散式關係型資料庫。

那麼，OceanBase 和傳統的資料庫相比，究竟強大在哪裡呢？

首先，OceanBase 不需要高可靠伺服器和高端儲存。

OceanBase 是關係型資料庫，與傳統關係型資料庫最大的不同點是，OceanBase 是分散式的，支持水平線性擴展，而且 OceanBase 根據的是個人電腦伺服器，不要求高可靠度伺服器和高端儲存。這與一些傳統資料庫背後一定要有共用儲存的情況相比，是完全不同的。

資料庫有很多技術重點，但有幾點很重要，其中之一就是可靠度。

先來分析傳統方式，基本上是由傳統資料庫加上高端共用儲存或冗餘的方式來實現，同時伺服器也要可靠度高。所以要保證系統的穩定性和可靠度，軟體、儲存、伺服器都很貴，服務也貴。而為了避免不可控因素，傳統資料庫形成了主備鏡像。所以，雖然傳統方式的可靠性比較好，但在可擴展能力和成本效益方面，傳統方式有著明顯的局限性。

相較之下，OceanBase 使用個人電腦伺服器叢集成本效益高、水平擴展、易於採購和維護等，優點眾多。但也有一個制約因素，其穩定性、可用性不如高可靠度伺服器和高端儲存。如果說傳統方式使用高可靠度伺服器和高端儲存可以做到百分之百，那麼 OceanBase 透過個人電腦伺服器能做到百分之六十至七十就已經不錯了。如果機器不可靠，系統就必須可靠，這就是阿里雲運算的思路。儘管同一資料存在多地，當每個儲存點到達或超過半數資料庫時，個別資料庫出現故障並不會影響整體業務順利發展。

其次，版本升級是引發資料庫故障的最大問題。尤其在使用傳統資料庫時，版本升級是最要注意的，因為它經常引發一些大故障。有些做法是先升級備用庫，然後將主庫遷移過來。但在這過程中，由於資料遷移不及時或者資料配對出現問題，經常造成資料庫癱瘓，進而引發一連串的業務問題。例如二〇一三年某國就出現過大型商業銀行因為資料庫版本升級，造成業務停頓近一小時的情況。再如二〇一四年某國的簽證資料庫罷工，查明後是因為後台發布了一個小小的技術修補，導致二十萬份簽證被拖延幾星期。

由於問題和故障頻發，很多傳統資料庫幾年才出一個版本，核心開發測試團隊就有千人，只有經過反覆測試，在可靠度上非常有信心時才會對外發布。但我們都知道，互聯網業務節奏不容許如此，因此 OceanBase 就要面對更大的挑戰。為了快速回應業務需求，OceanBase 使用了灰度升級的辦法。

傳統資料庫的主備方式是「單活」的，只有主庫可以執行寫資料的事務，儘管維護升級時可以先操作備庫，但操作完成後，備庫變成主庫，並且接受用戶連結是一步到位，因此如果新版本有問題，業務必然受到影響。而 OceanBase 則是「多活」的設計，即有多個資料庫，每個都有部分讀寫流量，升級時先把要升級的讀寫流量切走，升級後再進行資料對比，正常後逐步引入讀寫流量，哪一部分確保沒問題就先切進來，等一切正常並運行一段時間後再升級其他的庫。以下圖7至圖9說明了解這種基於「多活」硬體而實現的灰度升級。

如果新版本出現異常，可以趕快將新版本上的流量切走。屆時，對業務的影響也可以控制。

接著，我們來介紹一下 OceanBase 與傳統資料庫之間的技術區別。

OceanBase 與傳統資料庫（如 mysql）的技術區別，有三個問題值得關注：

一、為什麼傳統的資料庫難以灰度升級？因為傳統資料庫的備庫就是備庫，不是正在使用的主庫，只有出現問題或升級替換時才會變成主庫。而 OceanBase 資料庫不分主庫、備庫，每個庫都是隨時可以調用的線上資料中心。

二、為什麼傳統資料庫不可以用個人電腦伺服器代替高可靠度伺服器和高端儲存？

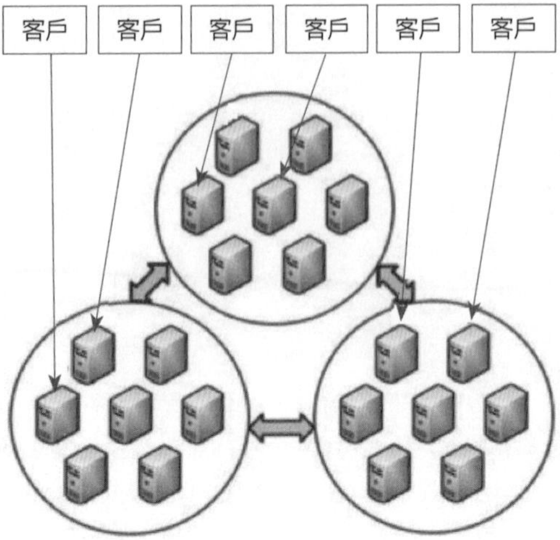

OceanBase 部署：升級前

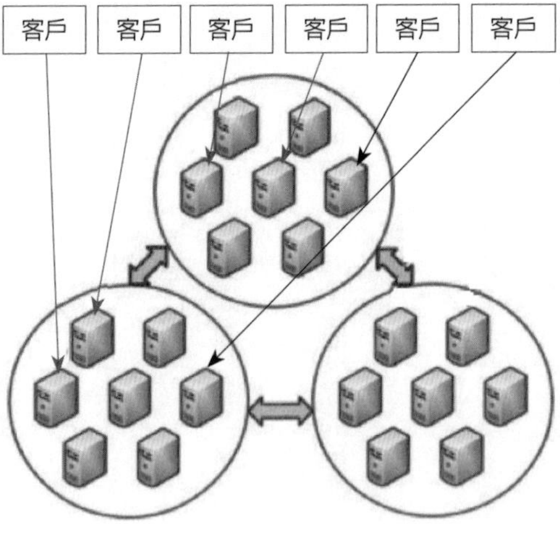

OceanBase 部署：切走讀寫流量，準備升級

圖 7 異地多活升級前

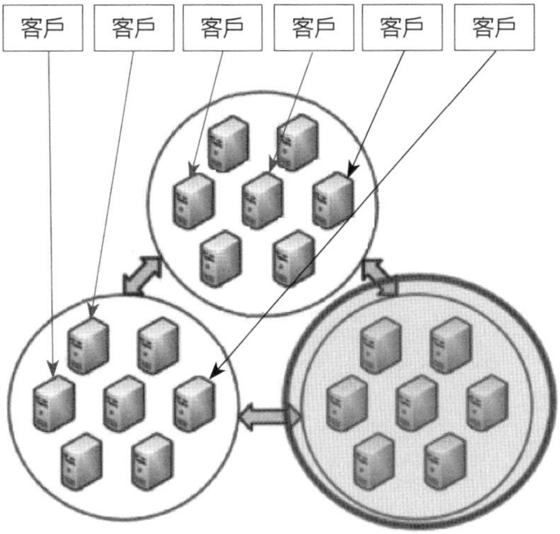

OceanBase 部署：升級一個機群（庫）

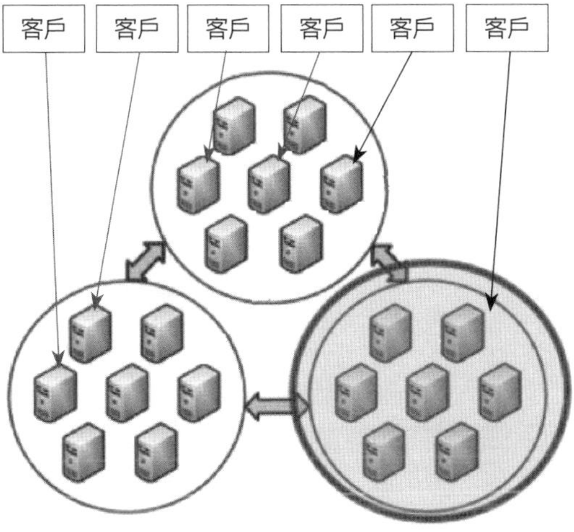

OceanBase 部署：升級一個機群（庫）後切回部分讀寫流量

圖 8 異地多活升級中

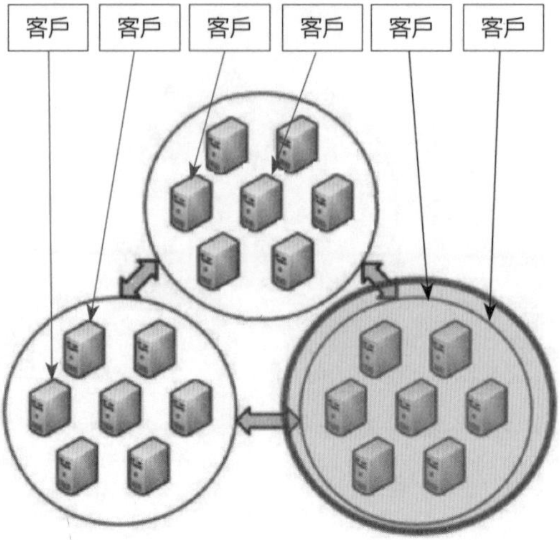

OceanBase 部署：升級一個機群（庫）後切回全部讀寫流量

圖 9 異地多活升級完成

一方面是因一台普通個人電腦伺服器往往無法支撐傳統資料庫，而且出現故障的機率較大；另一方面則因軟體機制需要做很大的更新，傳統資料庫都是透過高端產品來達成這些硬體的可靠度，自己卻專心做SQL優化、IO優化、排序優化等。

三、數十年來，為何很少有人能夠挑戰某商業資料庫的統治地位？這是因為要達成資料庫事務的要求非常複雜，業務對資料庫的穩定性要求極高；也因為磁碟的存取瓶頸嚴重制約著資料庫的性能，用同樣的技術實現途徑，其他廠商很難超越它，再加上使用全記憶體資料庫的成本又太高。

那麼，OceanBase 的切入點是哪裡？

隨著技術發展，現在資料庫儲存的資料量愈來愈大，大多是以 TB 來統計。但每一天的修改量並不大，需要修改的只是很少一部分，比如財務庫、全國人口資料庫、交易庫都是這樣。基於這樣的原則，OceanBase 使用磁碟儲存資料庫，但用記憶體資料庫來儲存修改資料，這麼做既沒有額外成本，還消除了隨機寫磁碟的情況，並改由批量寫入，非常適合固態硬碟儲存。修改增量融合也採用了多庫非同步的方式，避免對業務的影響。我們要知道，以塊為單位來設計的資料庫很難做到這一點。

雲端能否成為真正的平台？

就像催生了菜鳥這樣的物流網路一樣，天貓的雙十一也催生出阿里雲及其背後如資料底層系統這樣的世界級技術創新。

「這些世界頂尖的技術，正透過阿里雲加速向外輸出。我們希望將這些技術變成普惠科技，以此催生一萬個阿里巴巴。」胡曉明曾這麼說。

我認為，透過軟硬體的建設，透過強大的資料底層技術以及阿里雲平台的輸出，阿里巴巴確實具備隨時再造一個天貓、淘寶的能力。可以催生出一萬個阿里巴巴，並不是一個誇張說法，從技術意義上來說，這無疑是強大的，但從商業意義而言，這個能力又有點浪費。先不說在全球是否有可能，或者說還有沒有必要出現很多個規模達到天貓、淘寶這種量級的電商平台類交易系統，即使真的出現了，站在使用者的立場，一個既當運動員又當裁判的服務提供方，會不會是一個隱憂重重的選擇？假設使用方某天出現一個需求，需要阿里雲提供的技術平台加以實現，那麼這個需求和天貓、淘寶的立場是否會存在某種矛盾或不相容的關係？使用方是否會擔心自己的需求被嚴重低估？

阿里雲的資料底層系統和技術以及模組化的輸出能力，確實讓它更像一個真正的平台，也讓雲端有了更強的綜合實力。但是要成為真正的平台，恐怕在商業結構上還得和天貓、淘寶保持距離，並考慮清楚真正的平台級服務是什麼，以及如何實現。

Chapter

3

以雙十一為案例理解互聯網

客觀地看待互聯網，它能展現多少取決於我們思考了多少；它能給我們帶來多少改變，也有賴於我們對它有多少理解。就以雙十一為例來談談「互聯網＋」，我們就更能從理解現實的角度去理解互聯網除了作為工具，還可以帶來什麼。

從雙十一看「互聯網+」

已經記不得是在哪個場合，我曾聽到台上演講的人如此評價互聯網。他說，互聯網沒有那麼神祕，也沒那麼複雜，在電話普及前，有不少人危言聳聽地表示，有了電話，企業的經營模式將會改變，但事實上，除了對外溝通變得方便，什麼也沒有改變；互聯網也只不過是通訊技術的進步，對企業來說無非是一種工具，而「互聯網+」就是使用好這項工具，僅此而已。

如今，雙十一的交易額已經接近千億，自從二〇一四年提出「互聯網+」，儼然已成為人們餐桌上津津樂道的話題，但還是有不少人仍以「互聯網就是工具」或「互聯網就是通路」或「互聯網就是展現平台」這樣的視角來理解網際網路。

當然，客觀地看待互聯網，要怎麼理解它都可以，但就像每一件深邃的事物一樣，它能展現多少取決於我們思考了多少；它能給我們帶來多少改變，也有賴於我們對它有多少理解。

不談概念，就以雙十一為例來談談「互聯網+」。畢竟雙十一的成績擺在面前，誰也沒法否認這是一種互聯網的創新，為傳統行業帶來巨大改變和劇烈影響。也許因為這樣，我們就更能從理解現實的角度去理解互聯網除了作為工具，還可以帶來什麼。

先上線者就有紅利

二〇〇九年的第一個雙十一，總共只有二十七家品牌商參與，二〇一〇年為一百五十家，二〇一一年為兩千家，二〇一二年為一萬家，二〇一四年為兩萬七千家，二〇一五年為四萬家。

當每一年雙十一奇蹟般增長的交易額出現在世人面前時，就會有更多的品牌和商家受到感召，於是每年雙十一之後，申請加入天貓平台的商家數量比往常增加好多倍。我們所熟知的一些大品牌，也是在這樣的感召下加入天貓的。

可以說，二〇〇九至二〇一二年，當網購在一般消費者之中快速普及的同時，也開啟了企業、品牌和商家重要的電商啟蒙時期。雙十一在這個普及和啟蒙的過程中，發揮了非常關鍵的作用。

可能有人會說，這些品牌商家在天貓獲得的成績和雙十一的成功一樣，都是源於網購人群的紅利。這確實也是事實，但即使紅利是事實，並不代表「坐享其成」。值得我們追問的是，如果網購紅利是時代帶來的必然，為什麼它最終發生在此時此刻？它是如何被發掘的？如何被引流到阿里巴巴的電商平台，又是如何促成雙十一？

紅利的產生來自買賣方的內在需求

馬雲說過，電商在美國只是零售業的一種形式和補充，就像一道餐後甜點，而它在中國是一道主菜，因為在電商起步時，中國的零售業還不發達，沒能給消費者提供相對完備的服務和周全的體驗。馬雲這段話道出了網購紅利產生的一個重要背景：電商之前，消費者在中國的零售環境還有一些重要需求未被滿足。消費者沒有足夠機會接觸到豐富的消費品，購物不夠方便、快捷，資訊鴻溝巨大，缺少滿足消費者權益保障的基本條件。

在這樣的背景下，電商平台的崛起實際上就是讓線下還沒完全鋪開的零售業直接上線。對，沒錯，就是上線，這麼簡單的動作像一把輕巧的鑰匙，打開了從一個世界前往另一個世界、一個時代通往另一個時代的大門。

當各種品牌和商家把商品搬到線上之後，在中國的消費者面前出現一個從未有過的購物世界。要買什麼不用再去想要到哪裡才買得到；逛街時不再有邊界，上一秒鐘想看衣服，下一秒鐘就可以去挑汽車用品；同一件商品在好幾家店都能買到，消費者可以直接進行比價，還可以很容易就比較出哪家店提供更好的服務，比如免運費、包退換。

對商家來說，它們也不再只是以就近原則服務數量有限的人，它們時時刻刻面對來自全國各地（甚至世界各地）的買家，有更多機會找到喜歡自己、與自己所提供的商品和服務相匹配的消費者。

買和賣，都上線了，這就是一切的起點，也是紅利被引爆的根源。上線，這個動作瞬間彌補了之前存在於零售環節中的資訊鴻溝，更多的買和賣不斷被吸引到線上、不斷地聚集，這兩端數量上的變化還為平台在豐富性和便捷性帶來更大的價值。如同滾雪球一樣，平台所提供的商品愈豐富，所提供的體驗就愈便捷，就愈能展現相較於傳統零售的明顯優勢，這對中國消費者來說太有意義了，也太有吸引力。這就是為什麼直到現在，天貓、淘寶的一般用戶和商家數量仍在快速增長，也是雙十一能夠成功，或者說天貓、淘寶這種典型的平台型電商能成就雙十一的重要原因。

在二〇〇九至一二年期間，上線愈早的品牌商家所取得的成果愈大。除了擴大銷量，它們還在上線的消費者中獲得自己的用戶，並透過互聯網技術和資料，和這些用戶達成以往在傳統零售過程中難以實現的強關聯。它們可以更準確地知道用戶的喜好及變化，然後在新品發布後及時投送到潛在的用戶面前……

其實，自從互聯網誕生以來，「上線」這件事情就不斷發生。從我們透過互聯網技術來收發郵件和使用即時通訊工具，上線活動就開始了。然後是資訊上線，誕生了那一代的入口網站，打開我們的視野。後來電商崛起，零售業上線，互聯網才開始真正影響商業鏈，因為零售環節是商業鏈的末端，是價值的最終實現端。這一環節的上線，讓提供商品或服務的經營者開始直接面對用戶，使其所創造的價值在兌現過程中的路徑變短、效率提升。原來相對閉合的商業鏈被打開了，以前在流通環節被損耗的價值有更多被釋放出來，使得完成了上線動作並已在線上的消費者和經營者都能從中受益。

以前，我們也經歷過商場適逢節假日做的大型促銷活動，在那種場面，血拚要付出

> 平台所提供的體驗就愈便捷，就愈能展現相較於傳統零售的明顯優勢。

相當大的體力和精力。雙十一把血拚這件事情搬到了線上，以線上的方式將豐富的品類同時讓利給消費者，讓眾多商家同時在線上向消費者提供優惠商品和良好服務，中國消費者因此體驗到前所未有的商品豐富度、購物便利性以及價格優惠涵蓋面。這就是為什麼雙十一從第一年開始就有了「引爆」的姿態，並在之後的每一年都處於一路狂飆的狀態，根本停不下來。

現在，互聯網正以「第一步：上線」這樣的方式影響其他行業，比如叫車APP，讓提供服務的司機和乘客上線，使得叫車這件事從隨機變成閒置車輛的即時、就近配對。還有像是餘額寶，把募集資金的管道搬到線上，也在某種程度上引爆了互聯網金融的「紅利」。

可以說，「紅利」背後一定有一個客觀存在但未被滿足的內在需求。要引爆紅利，第一步就是要發現這種內在需求，然後把需求方和供給方這兩端上線。誰先發現那個需求的準確位置、先改變自己從前的位置主動上線，誰就有可能獲得「紅利」的青睞。

「互動」是啟動市場的支點

《參與感》這本書對於小米公司的「互動」做了極佳的闡釋。這裡所說的「互動」包含兩個意思，一個是透過互動形式讓用戶獲得參與感，從而使他們獲取對某產品或某對象的主人翁意識，最終以高度的黏性團結在該對象周圍。以我的理解，這就是《參與感》一書中宣導的互動。而這裡要說的重點，是互動的另一個意思。

大概從二〇一〇年起，有不少同事陸續離開了阿里巴巴，改而去為品牌商做代營運（或稱「代經銷」，兩者的區別是代營運會將上游商品全買下來，而代經銷不會。這裡統一叫做「代營運」）店鋪的生意。當時正處於一些品牌商接觸電商的初期，有些品牌不願付出學習和團隊建設成本，有些則是自己的嘗試沒有成功，轉而請有職業背景的團隊來代理。總之，那時「代營運」的需求很旺盛。到了二〇一二年，經過幾輪激戰之後，活下來的代營運服務商已經不多。有位至今仍做得頗有成績的前同事後來總結說，他的團隊之所以能活下來，是因為做了一些其他代營運服務商不會做的事，那就是貫徹「以用戶體驗為核心」的理念，而且在執行過程中以此影響品牌商的一些商業決策，從比較根源的地方著手，幫助品牌商提升「觸網」的能力。

過程是這樣的，他們剛開始做代營運時就應品牌客戶的要求參加該年的雙十一。他們按照品牌方的要求，上架了很多高跟鞋，注重設計感，單價偏高，即使是在雙十一的折扣之後，仍比同類女鞋的價格高出一倍。雙十一當天，店鋪瀏覽量一再衝高，銷量卻不怎麼樣，一天下來沒有超過一百萬元人民幣，而且售後也出現問題，有三分之一的訂單退貨，即使最終交易成功的那部分，買家的回饋也不理想，很多買家在評論裡說鞋子只是好看卻不實用，有些人則覺得穿了不舒服，感覺買貴了。那次雙十一之後，他的品牌客戶起了打退堂鼓的想法，想從天貓撤走。

> 「紅利」背後一定有一個客觀存在但未被滿足的內在需求。誰先發現那個需求的準確位置、先改變自己從前的位置主動上線，誰就有可能獲得「紅利」的青睞。

後來他用一組資料留住了該客戶，當時天貓女鞋品類整體的交易規模正以每年超過五十倍的速度增長，可以預見，過不了幾年天貓就會成為國內最重要的女鞋市場；雙十一女鞋品類的客單價也在增長中，那幾年，每年增長的幅度約十個百分點，比傳統零售市場的客單價增幅要明顯高得多。這個市場還大有可為，問題可能在於店鋪的銷售策略和品牌在天貓的推廣策略。

這位前同事和他的團隊仔細分析了買家在他們店鋪裡留下的評論，將這些買家的性別、年齡、所在區域等個人資訊放在一起進行交叉比對，同時又找了天貓、淘寶中的近似品牌，並在選品、定價、行銷策略等各方面做比較。他們發現，問題可能出在產品的選擇。首先，雙十一的檔期在冬天，消費者傾向選擇厚實、保暖的鞋子；其次，網上購物無法試穿，消費決策過程相對較短，更多消費者會選擇購買功能性較強、通用性較高的東西，尤其是在雙十一這種「不搶下一秒就可能搶不到」的時候，大家首先搶的一定是後悔可能性較小的通用款（類似服裝品類的打底衣）。

於是他們向客戶提出主導產品選擇的要求，並有權給出定價的建議。第二年的雙十一，他們選擇了女鞋當中款式較固定、功能較突出、價格較透明的產品參加雙十一，價格訂得比平時的客單價低了大約百分之二十，比同品類商品略高一些。客戶堅持要做的設計款高跟鞋則改在平時銷售，而且只採限時優惠或限量發售的方式。

結果，成效好得超出他們的預期。第二次參加雙十一，該品牌客戶當天的全店銷售額突破六百萬人民幣，是前一年的六倍多，在雙十一買過這個品牌的消費者，其中有一些逐漸喜歡和熟悉上該品牌的設計風格，轉換成該品牌在天貓平台上的核心用戶，除了雙十一，平時他們也會關注店鋪定期推出的新款和限量高端設計款，這使得該品牌日常的銷售情況也得到保障。

這個例子正好說明「互動」的另一個意思：獲得用戶的有效回饋。從上面的例子可以看到，電商對品牌和企業最重要的價值並非把貨銷出去，而是把客引進來，讓用戶給予回饋，與用戶進行良好互動，使用正確方法回收這些回饋，並使其暢通地實現在商業迭代中最終獲得良性而長期的商業結果。

淘寶創造的「評價」體系，就是一個典型具有互動機制的互聯網產品。因為平台可能要利用評價累計的一些數值調控流量分配的多寡，所以很多商家過分在意「負評」，彷彿只要出現一個負評就是天底下最糟的事。但實際上，它也可以是一件好事。在零售業上線之前，品牌、企業若想搜集消費者的意見和回饋，往往要花很大力氣去做市場調查，結果還有可能不及時、不準確。而現在，我們可以在評論裡看到很多資訊，知道哪些是消費者喜歡或不喜歡、哪些方面是他們真正在意的，是設計、材質、舒適還是安全？只要我們懂得如何解讀用戶的評論，它就是互聯網技術所帶來最好的一件事了。

還有一個例子也很能說明「互動」為我們帶來的意義。

以前在阿里巴巴時，我們經常用一種叫做「AB測試」的工作方法，即在設計一款

> 電商對品牌和企業最重要的價值並非把貨銷出去，而是把客引進來，讓用戶給予回饋，與用戶進行良好互動。

網頁時會做兩個版本，比如一個版本把登錄註冊頁面放在一開始最明顯的位置，另一個版本則把精彩內容和優惠商品資訊放在最前面，登錄介面放在最後，然後用技術的方法把一般用戶瀏覽頁面帶來的流量一分為二，一部分人看到的是頁面一，另一部分看到的是頁面二，分配方式當然是隨機的。經過一段時間後，我們就可以看到，用戶在這兩個頁面所表現的點擊行為不盡相同，也許看到頁面一的用戶登錄的更多，看到頁面二的用戶轉換成購買的更多，最後根據當初的設計用意選擇其中一個。

我們可以看到，如果沒有互動，就不可能在短時間內搜集到大量用戶的回饋，而且還是那麼直接、明確的回饋。

現在還有不少製造業者做出生產決策時，依靠的都是過往的銷售經驗，可是在一般情況下，只有到這一批生產出來的產品發放到銷售環節之後，業者才能知道自己猜得對不對，因此難免要背上庫存的風險和壓力。而假設業者能在生產前獲取真實而有用的消費者需求，那麼面對製造成本、庫存風險的控制時，是否就可以更加得心應手？

所以，C2B（消費者對企業之間的模式）的可能性可以說完全依賴這種高效而即時的互動。剛剛提到的代營運服務商就是透過了解用戶的回饋，去影響品牌商的選品和價格，這是一種初級階段的C2B。假設它們之後還會階段性地搜集消費者需求、分析需求趨勢、向品牌商提出制定產品的需求，那麼該品牌就進入了C2B的實質階段。

當然，我們說的互動必須是有效的，這是指兩端的回饋能準確地對焦到同一個點，使回饋和改進在這個點上快速有效地進行交互作用。比如這件衣服是有花紋的好看，還是素色的好看？這個問題非常聚焦，也很結構化。如果大家覺得素色好看，那麼這一季就多生產些素色產品，互動的結果非常有針對性。如果得到回饋的對象缺少結構化的基礎，回饋又過於泛泛而談，互動的效率就會大受影響，無法發揮啟動市場的作用。

這讓我想到了自己目前正在從事的文化事業。現在各種文化產品基本上都完成了「上線」過程，音樂有數位音頻，書有電子書，連電影都有網路大電影，雖然各種內容平台從來不缺少互動機制的設計，比如評論、點讚、轉發等，但因為內容產品太難結構化，回饋要嘛過於籠統（點讚或不點讚不知其原因），要嘛如同散文般讓人抓不住準確的問題。所以，我們仍然只能在缺乏有效互動的暗夜裡摸黑前行，在心裡默演千百遍讀者和觀眾看到時的反應，然後惴惴不安地直到面對大家的那一刻，聽從命運和上帝的安排，即使最終得到用戶的接受和喜愛，我們或許也不能確定到底是哪片雲彩下了雨。

透過聯網帶來價值加乘的商業利益

二〇一四年年初，我在美國加州遊玩時開始使用叫車軟體 Uber，良好的使用體驗讓我留下了深刻印象，以至於後來當它來到中國，我立刻成了忠實用戶。我們一行兩個人，在舊金山從住處叫車去找一家獨立書店，以我們蹩腳的英語，很難向那位中年司機清楚解釋書店的具體位置。司機對我們擺擺手，要我們別擔心，因為 Uber 植入的

> “互動必須是有效的，使回饋和改進快速有效地進行交互作用。”

Google 地圖導航模組已經清晰指出了路線。我們上車後，Uber 的介面還出現目的地附近的特色飯店、咖啡館的推薦列表，而且每項推薦後面都清楚顯示該店的風味及星級。原來 Uber 還導入了美國最大的評論網站「Yelp」的服務模組，這些餐飲資訊的推薦就來自於 Yelp。

我們當時還吐槽中國的互聯網大老們，做了叫車軟體的喜歡自己研發定位和導航模組，地圖做得好的則想自己來做 O2O（線上到線下）業務，誰都不願意主動對外輸出自己的技術和業務成果，更不願意共享用戶。不像人家，不同類型的互聯網公司，彼此各展專長，相互輸出專業模組，互為補充，以期在同一個場景中為用戶帶來最完整和流暢的體驗。

這種相互輸出、互惠共榮、多線關聯的鏈結方式，我們稱為「聯網」。

在此之前所講的上線和互動，主要還是圍繞著價值的輸出端和輸入端，以及這兩端之間的連接（參圖10和圖11）。當我們沿著一條價值鏈縱深地看下去，或者稍微綜合理解用戶需求時，我們會發現單線的連接仍然遠遠不夠。在實現單線連接之前，每個產品、每個人都是資訊孤島，在單線連接完成後，雖然它們可以找到彼此，但相對於整個資訊世界，它們仍是孤獨的節點，只是原來一個個體的節點變成包含兩個個體的節點。只有每一個節點都向外延展，分別和更多個體相互連接成線或與其他類型的個體交融成為更大的節點，才能真正改變資訊孤島的狀態，因為這個時候「網」出現了，每個個體

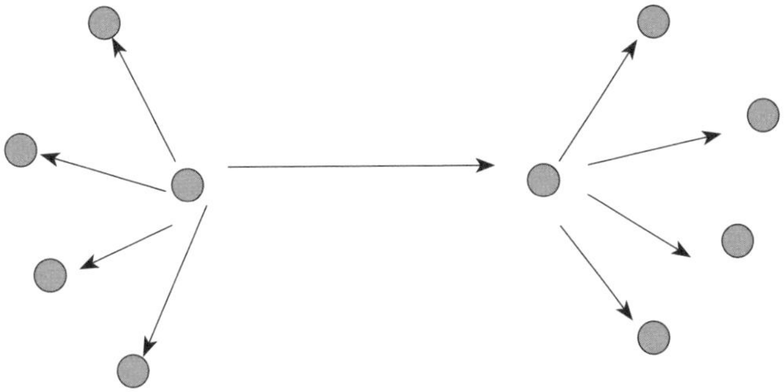

圖 10 聯網前「端到端」的價值傳遞模型

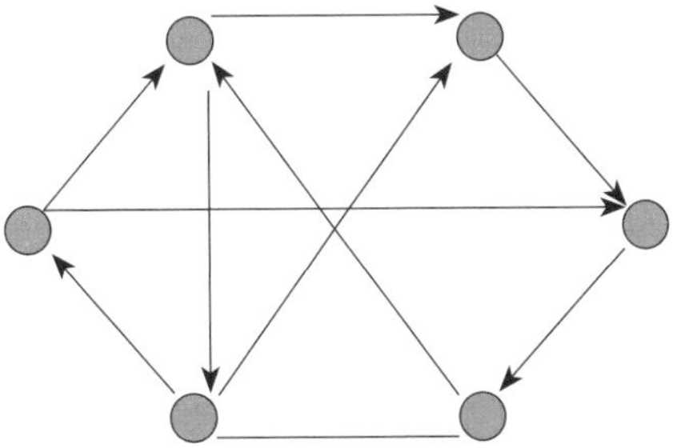

圖 11 聯網後的價值鏈連接方式模型

都成為資訊交換的參與者，每個節點都在同一時間完成大量的資訊交互工作。如果此時每個節點的互動都以有利於彼此交互的方式來處理和使用資訊，那麼整個網路流通的資料將會形成一種聚變，為每一個參與的個體帶來更大的商業價值。

讓我們回到雙十一來看看聯網的現實例子。我們看到的雙十一成交額其實只是整個聯網市場成交額的一部分，還有很多默默賺錢的「背後產業」是比較容易忽略的。比如，每年雙十一參與的商家基本上會提前兩個月開始準備，包括：策畫本店活動，做好老用戶的服務和新用戶的推廣；按照往年雙十一的主題和玩法，再結合自己品牌和店鋪的特徵，為店鋪頁面專門制訂一些設計和版式；選擇雙十一主推的品類和參與的產品，拍一套適合在雙十一使用的照片；為保證雙十一在大量的用戶和交易訂單湧入時，店鋪的服務不會出錯，行銷推廣資訊及配送和發貨資訊也不會出錯，商家可能需要在籌備期間對自己的店鋪後台管理系統進行升級更新。

天貓、淘寶乃至整個阿里系的電商平台，都為上述的每個需求準備了一個對應的市場。在每一個市場中，商家成了買家，提供店鋪設計、模特兒拍攝、系統軟體等諸多服務的服務商成了賣家；在每個市場中，至少存在一對不一樣的線性連接，是由線上和互動關係所串聯起來。當這些線形連接匯集到原來的商家時，其所提供給消費者的體驗變得更加豐富與完整，商家輸出的價值自然就被放大。

當這些市場包含的單線連接彼此交織或彼此關聯、互動過程中所產生的資料相互貫通或相互印證時，「聯網」就產生了。每一個參與其中的人都不需要面面俱到，只要精於自己的專長，清楚彼此的界限，在向整張網絡輸出自己價值的同時，獲取網絡帶來的輸入，在互動中成為一個網絡節點。

聯網的程度和各環節上線的推進程度緊密相關。如同上述例子，商家的需求和供給之所以能夠聯網，是因為向商家提供服務的服務商紛紛上線，一旦某個環節在網絡中「失聯」，那麼它所代表的某部分價值可能就會喪失，整張網絡的商業價值和資料價值都會受到影響。

一經聯網，我們會發現至少兩個變化：第一，每個個體都可能成為價值的輸出者。消費者和經營者之間的界限變得模糊，只要擁有專長、能提供價值，就能產生連接、成為被需求方而連接進網。所以，未來經營者在組織關係上可能不再只是「企業」形態，取而代之的是更多個體或更多靈活的組織形態。第二，以後衡量一個企業的優劣可能不再是生產規模的大小或此時此刻的盈利能力，而可能是它的聯網狀態、在整個網絡中連接的深度和廣度，以及在聯網狀態中的主導程度；這個主導程度可能取決於它在資料流程中所發揮的關鍵程度，對資料的活性和增值貢獻愈大的經營者，在聯網狀態中享有的主導權和主動權相對也就愈大。

有兩種模式的企業或許會因為其在聯網的廣度或深度的優勢，而獲得商業上的絕對優勢，一種是「平台型」的企業，另一種是「工具型」的企業。平台型的企業如阿里巴

> 對資料的活性和增值貢獻愈大的經營者，在聯網狀態中享有的主導權和主動權相對也就愈大。

巴，在阿里巴巴的大平台上，有無數的商家、服務商和消費者，有非常多不同類型的交易，如果把阿里巴巴看成是聯網的參與者，那麼它和這些商家、消費者、第三方服務商就都是連接狀態，它在這些角色中有著最強大的聯網狀態，它參與了每個節點的資料流通，因此它能做到只向每個交易收取少許費用，而這些費用匯聚起來就是大量的費用，並且不停地增長。工具型的企業如地圖導航，看地圖、用導航是一種剛性需求[1]，透過這個剛性需求的切入，可以使大量的用戶接受並使用這個工具，於是它也能廣泛地連接用戶。

接著來看一下「聯網」的實際效應。可查詢到的資料是：阿里巴巴集團副總裁、商家業務事業部總經理王曦若在二〇一五年一月的服務商年會中披露，二〇一四年服務商的整體交易規模和同時期相比增長百分之七十二，服務商數增長百分之六十四，第三方服務以及代營運服務商的市場規模已達到千億元人民幣。可以看到，「聯網」每次在深度或廣度上的延伸，都有可能為我們所期待的商業價值打開一片新天地。

從這個角度看，二〇一五年雙十一所產生的交易規模，包括大幅涵蓋跨境交易和農村電商，是將各種參與者放在同一個網絡裡，自動自發地進行共同協作和相互連動所帶來的結果。這張網絡像是已經有了自己的思想和節奏，推動著自己往前走，使得最終結果看起來既像是自然而然的結果，又是令人驚喜的奇蹟。

互聯網變得無所不在

其實在提出「互聯網＋」時，就已經沒什麼前瞻性，這麼說並非指互聯網只是一項技術或一種工具，而是互聯網在演變過程中正逐漸突破以往的形態。隨著前面說到的「聯網」不斷拓展自己的廣度和深度，每個人、每個組織、每件東西都會因此產生關聯，而且變得愈來愈即時、愈來愈緊密，這時互聯網可能就不再是以往所理解的樣子，它變得像美國影集《疑犯追蹤》（*Person of Interest*）裡的機器一樣，無時無刻且無所不在。

阿里巴巴的戰略官曾鳴教授不只一次提到無人駕駛汽車的例子。如果說今天的叫車軟體連接了地圖導航以及根據定位資訊推薦的節點，在一定程度上形成了聯網，那麼無人駕駛汽車就是讓汽車作為終端上線，並和原本這張網絡形成互動，連結所有的地圖導航資訊和交通資訊，使汽車終端也被連進了網絡。然後這張網絡就更強大了，可以說，因為交通資訊不對稱而產生的問題，最終可能就會在這一步的聯網過程中得以解決。比如，每個人都可以駕車上路，而不需要掌握開車技術；或者，交通堵塞的問題有望在即時配對交通路線資訊的過程中獲得解決。

這就是很多人所說的「物聯網」。有人說，互聯網即將消失，取而代之的就是物聯網，關於這一點，可以說是，也可以說不是。從本質上來說，互聯網和物聯網仍是同一

1 意指需求彈性比較小的需求，這類需求的商品受到價格的影響會比較小。

回事，它們都是基於資訊技術進步而產生的，物聯網可說是互聯網的延伸，互聯網把資訊的鏈結連接到了人（和組織），物聯網則把資訊鏈結推到了所有的一切。

但技術進步所帶來最重要的影響，絕對不只是技術形態上的變化，我們必須明白，任何重大的技術進步都會連帶著科學、商業、社會形態甚至世界觀層面的巨大變化。我們要盡可能理解這種變化的本質，否則若只把技術進步當成工具，恐怕就無法善用這種工具。互聯網其實是一種思維方式和協作方式，其核心可以理解為「上線」、「互動」和「聯網」，物聯網也是如此。

阿里巴巴如何打贏雙十一這場仗？

時間回到二〇一三年，那年的雙十一成交額比前一年翻了將近六倍，但當時手機淘寶的用戶端每日活躍用戶數（DAU）只有兩千萬，而那時全國城市智慧型手機的普及率已達到百分之四十七，擅長社交的騰訊早就推出了微信，並早在一年前就奠定了自己在行動端的霸主地位，成為繼QQ之後第二個巨頭級的APP。甚至還有眾多中小型應用紛紛從無線端生出來，直接切入電商模式，大有瓜分阿里系電商業務的態勢。

從二〇一〇年、一一年開始，互聯網用戶就快速轉移到手機端，更多的無線入口正在被打開和搶奪，任憑雙十一的銷售額再高，如果阿里巴巴不能在無線端擁有一個強勢的購物應用，不能像二〇〇五年打敗易趣時那樣打贏這場仗，那麼接下來就可能不會再有雙十一，原來龐大的電商業務也會遭到蠶食，到最後可能瘦成連馬都不如的駱駝。

時間跳轉到二〇一五年的雙十一，總成交額最終定格在九百一十二億人民幣的同時，無線端的成交占比達到了百分之六十八點七，其中青少年於雙十一使用智慧型手機血拚的比例高達百分之九十，女性購物占百分之七十五，連中老年族群使用手機下單的比例也比前一年大幅提升。

也是在二〇一五年，手機淘寶的DAU達到了一億三千萬至一億四千萬。從資料結果來看，我們終於可以說，阿里巴巴的電商業務這才跨出了個人電腦時代，沒有輸掉行動端戰略性的這一仗。

中間這兩年發生了什麼，這一場仗到底怎麼打贏，手機淘寶是如何在微店和周邊各種形式的電商APP的包圍下鞏固自己的江湖地位，雙十一又是怎麼完成了從個人電腦時代到無線時代的無縫接軌，這些問題將在後面逐一解答。

想前進就要擁抱新思維

其實從二〇〇九年開始，阿里系的電商業務就布局無線埠了，阿里巴巴總能在戰略布局上快人一步，但這好像沒有用，像是起了個大早卻趕了晚集，它在這條路上一開始的運氣不太好，二〇〇九至一二年，在無線端一直沒有獲得突破性的進展。

> 互聯網其實是一種思維方式和協作方式，其核心可以理解為「上線」、「互動」和「聯網」，物聯網也是如此。

前文提過，不少傳統企業認為互聯網就是工具，只要會用就好了。這種慣性思維是人之常情，對於在個人電腦時代成長起來的互聯網企業來說，恐怕在最初面對「行動網路」時，也容易被類似的思維困住。阿里巴巴也一樣，執行無線戰略的中心思想到底是「跨終端」還是「手機優先」，一開始也沒人能說得清楚。

持跨終端想法的人認為，行動網路只是比以前的個人電腦多了一個呈現埠，互聯網用戶的行為習慣已經養成，在手機端會有所延續，我們所有在個人電腦端安排的業務，只要按照手機螢幕的特點，重新編排展現邏輯再安排一次，就可以完成從個人電腦跨越到無線了。

開始的那幾年，大多數人都是抱持「跨終端」理念，所以那時阿里系的 APP 集體表現出一種「個人電腦的延展」狀態。

當時的手機淘寶有兩種版本，一種是在手機瀏覽器中打開淘寶網時展現的WAP（無線應用協定）版本，另一種是用戶端版本（包括蘋果用戶端、安卓用戶端等）。WAP版幾乎完全是電腦頁面在手機端的再次展現，布局相同，用戶路徑基本上也一樣，用戶端版本同樣保留著很多個人電腦頁面的對話模式。

圖12和圖13是二〇一〇年五月左右發布的手機淘寶某個簡單版本的首頁截圖，分別是第一頁和最後一頁。透過這個介面，我們可以清楚看到當時的核心理念和電腦端頁面其實沒有區別，還是凸顯搜尋和品類導航。看得出來，營運團隊在文字鏈上下了很大

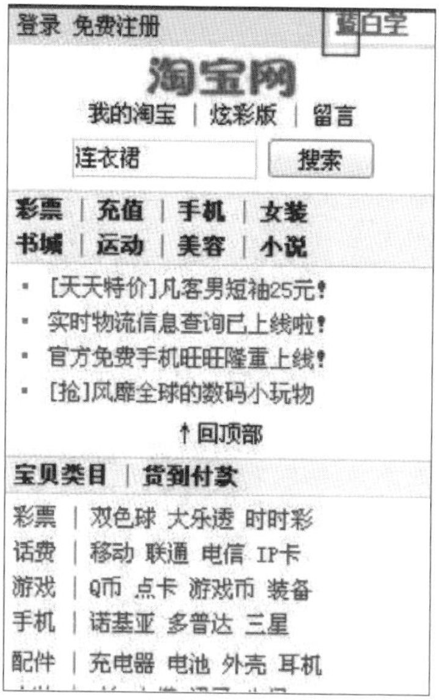

圖 12 手機淘寶早期 WAP 版面截圖

圖 13 手機淘寶早期 WAP 版面最後一頁

工夫，變化出很多的「標題黨」。不過這種營運思路其實是九〇年代入口網站使用的，手機螢幕原本就那麼小，而且當時還不普及觸控式螢幕，那麼密集的品類導航和狹窄的文字鏈，該如何讓用戶快速辨識與點開？

那幾年的雙十一也籠罩在這種思維當中。個人電腦時代的活動網頁，為了讓大家的購物路徑最短，首頁排列著很多直接展示商品的區塊，一頁大概六到八個，總數根據各個活動的需要而定。這種區塊叫做「海景房」，海景房能帶來的流量非常可觀，歷來是商家必爭之地，而雙十一這種活動對海景房的爭奪自然更加激烈。活動前，所有參加雙十一的商品都要上預熱會場進行賽馬，同品類產品的展現機會相同，預熱結束後，誰被加入購物車和收藏夾的次數最多，當天會場上誰就會擁有更多的展現機會。

不管外界行動網路的風潮已經如何風起雲湧，二〇一三年雙十一的無線端仍沿用這種賽馬機制和海景房的展現方法，直到二〇一四年仍未完全拋棄。據說這麼做的原因主要是雙十一需要調動所有商家來配合天貓，支撐雙十一所需的打折程度、商品豐富度及服務，如果不提供商家確定的展現機會，商家的積極性將受到嚴重影響。

這說明了二〇一三年阿里巴巴的電商業務在無線端的布局更像是互聯網的終點，也就是更偏重於商家以及商品展現這一端，這和在個人電腦時代把自己定義成「平台」是一脈相承的；而行動網路的價值有更多集中在互聯網的起點，也就是更靠近一般用戶這一端，如果用戶不能直接看到自己喜歡的東西，不能直接感受「逛」的樂趣，很可能就不會表現出像電腦端那麼大的耐心，反而容易被其他應用程式吸引。而且海景房也確實不適合手機螢幕，一頁展現四件商品，手機端用戶翻頁的次數遠不如電腦端，每個用戶實際上看不到幾件商品，如果單純借助於這種方式，參加雙十一的商品總數有上千萬件，能得到展現機會的卻寥寥無幾。那麼，「手機優先」又是什麼呢？其內涵在於行動網路最大的改變就是終端變了，也就是互聯網用戶上網的媒介變了，用戶在觸網埠的需求和體驗要求也會發生變化，那麼在行動端的部署（從業務到產品再到技術）首先應該站在行動端的角度切入，才能保證解決問題的方法沒有過時。

舉例來說，二〇一五年雙十一，我們看到購物人群不再像以前那麼高度集中在十八至二十五歲的年輕人，七十歲以上的老人成了人均消費最高、增長最快的族群；全國購買人數增長最快的前五個省份全集中在中西部，西藏的增長率也達到百分之四十五到五十，歷史上第一次超過了以往網購最發達的江浙滬地區；雙十一當天的成交曲線形態也和前幾年有明顯區別，頂點不再那麼高，整體保持平穩增長，即使出現幾次小高峰，時間也和以往有些區別。比如，以往白天的第一個高點一般會在早上十點左右出現，而二〇一五年的雙十一出現在早上七、八點，以往晚上十點後的成交結果基本上確定了，後面兩個小時很難再被拉動，但二〇一五年雙十一當天最後兩個小時貢獻了將近一百億元人民幣的成交額。

以上這些都是行動網路帶來的變化。使用媒介改變之後，至少發生三個重要變化：首先，用戶埠變得愈來愈個人化，個人電腦在很多時候連接的還是組織、家庭或單位，但手機連接的只可能是個人，所以我們會看到像老年人這樣原來在電腦時代缺席的用戶，卻在行動網路時代出現了。然後，行動網路突破了以前互聯網沒有突破的地域限制，這其實是上網條件不同帶來的客觀結果，所以或許過不了多久，免運費將不再是某些地區的專屬權利。再者就是場景改變，以前大家上班打開電腦，習慣性地會打開淘寶網頁看看，晚上吃完飯閒來無事，再上淘寶逛逛，手機讓這些舉動變得隨時隨地都可進行，無論在公車上、地鐵裡、睡覺前，甚至開會時，我們都可能刷一下淘寶頁面。

僅從商業營運方面來說，上面這些變化足以促使雙十一必須做出一些調整，比如每個參與的商家都要做的重點商品展現和庫存策略，不能再像以前那樣以為集中安排在幾次流量高峰就萬事大吉，現在要做的是全天候的營運策略。再比如選品，以往天貓選擇品牌、商家選擇商品都傾向於選擇容易受年輕消費者青睞的，像是款式新穎、顏色豔麗、價格具有一定優勢，但當手機打開了用戶群體後，一些注重實用性和成本效益的用戶占了一定的名額，成為商家不可忽略的消費者族體。

讓我們暫且從雙十一跳脫出來，其他一些資料也會告訴我們，行動網路到底有哪些不同。

雙十一的資料告訴我們，用戶可能隨時上線，但同時手機淘寶發現，用戶的平均上線時間大大降低了，每次可能只停留三至五分鐘，這麼短的時間剛好足夠用戶上線打開交易記錄查詢出貨進度，這就需要我們改變過去以行銷為導向的產品設計，將用戶路徑變得更輕更薄，讓他們能夠快速上手，而且沒有負擔。

手機上網，讓互聯網連接到了個人，也就是說，行動網路帶著地理位置的屬性，只要用戶當下的位置被讀取、連接，就可以產生很大的價值。此外，手機比電腦擁有更多的輸入和輸出方式，包括語音、照相機、感測器等，這些工具可以隨時轉換成資訊流，作為和用戶進行交互的方式獲得應用。我們今天看到很多應用程式正是基於這些特徵而來的，比如之前提過的地圖、導航服務，就是根據用戶地理位置的應用；另外就是幾乎每個女生手機裡都有的「美圖秀秀」，就是根據照相機這種輸入模式而產生的，手機淘寶的「試妝台」也是使用照相機輸入模式，把自己拍進去後，可以嘗試不同種類的眼線、唇膏，然後對比色號，再進行選購。我想，不用多久，應該就可以透過「增強現實技術」獲得一種更具商業價值的應用場景。

還有一個經典案例可以說明「跨終端」和「手機優先」的差別。微軟當年開始做手機時，比蘋果更早使用觸控螢幕技術，但它們的設計居然是在螢幕中間顯示一個長得像指點桿的按鈕，想要移動螢幕裡的游標，就要像使用筆記本電腦那樣把手指按在這個位置，在做「選取」動作時，要像使用滑鼠那樣在螢幕上雙擊。今天看來，這樣的設計簡直不可思議，既然都已經做到觸控式螢幕了，為什麼不透過手指和螢幕之間的接觸直接進行互動，而非要沿用電腦的操作方式呢？正是微軟的這些失誤，為蘋果帶來了巨大的機會。

說到這裡，基本上可以總結「跨終端」主要源於以往的慣性，而「手機優先」更具創新的視角，更有主動擁抱行動浪潮的姿態。二〇一四至一五年，阿里巴巴的電商業務能從電腦端成功過渡到無線時代，在很大程度上都有賴於思維方式從「跨終端」向「手機優先」的轉變。

當然，這兩種思維也沒有絕對的對錯，甚至有可能行動網路再往後發展，這兩種方式會以一定的形式共同存在。現在的APP都是根據蘋果或安卓或其他作業系統進行開發，相對以前以網頁為主要形式的設計，互動、資訊、場景、運算等，在一個APP封閉之後，每個APP都將變得更獨立、更具特色或更垂直。但正因為如此，每個APP能整合的資訊和資料都是有限的，單獨進行開發和利用的價值也是有限的。

APP是基於手機這種媒介連接用戶的一個個埠，這些埠的背後需要有「平台」支援。各個埠透過使用平台所提供的工具和服務，進行更高效的研發和迭代，使得相互間的連接更容易進行，互動能更充分地展開。透過平台，各個埠還可以完成更大範圍的資料整合和互通，經過平台端流通的數據在活性上肯定優於埠自身的資料積累。所以說，未來可能還是跨終端的，而跨終端不再是電腦端的場景和無線端的相互延伸，而是各種埠與「雲端」的結合。我們以埠的特徵為先導，一切圍繞著與用戶的高效互動去進行，而雲端則指平台級的工具、服務提供能力，甚至跨平台、超大量級的雲端運算能力，兩者相輔相成，缺一不可。

行動網路等於「去中心化」？

為什麼二〇一五年「網紅」（網路紅人的簡稱）成了新熱門的模式，這並不是因為有網紅做了天王嫂，而是因為行動網路。

大約一九九八或九九年，電視機裡十個衛視頻道有一半在播周迅參演的電視劇，那年也叫做「周迅年」。她當時為什麼那麼紅，除了本身的特質，也是因為觀眾看到、了解一個演員、藝人的途徑太少，管道太窄了，留給想要表現的人的空間也就更小。今天一切都變了，有人想紅，能借助的工具不再只有電視螢幕和電影院，還可借助豆瓣社區、微博、微信公眾帳號、各種網路影片、直播等方式，通道分散了，抓住人們注意力的機會也變多了。而且這些方式的互動性更強，所以就出現了更平民化、更貼近生活且種類和數量都比過去更豐富的紅人。

這種形式新穎的管道興起，為某個領域貢獻了可觀的增量，甚至在一定程度上取代了該領域原來處於中心位置的某些管道，很多人稱它為「去中心化」。

二〇一五年的雙十一，透過一些「去中心化」的方法，在無線端取得了成功。

前面說過，在用戶原來的購物路徑中，主要配對方式是搜尋、品類導航和「海景房」，都是透過中心化的方式來分配用戶流量。但在無線端，由於螢幕大小和對話模式的不同，品類導航和「海景房」都不能再發揮像以往那麼大的效用，況且用戶數量和商品數量還在不斷增加，我們需要透過其他方式讓更多用戶需求和更多商品進行配對。

每年雙十一之前，我都會先列好一份購物清單，哪些是每年要買的年貨，哪些是今年特別想買的東西，哪些優先順序較高要先去搶下來，哪些可以留在後面慢慢看，都會

> **跨終端不再是電腦端的場景和無線端的相互延伸，而是各種埠與「雲端」的結合。**

列在這張清單裡。不知道大家是否都有一張類似的清單？如果把每個人的清單都擺到面前，可能會發現我們感興趣的東西都不太一樣，即使關注的品類是一樣的。既然大家的需求不同，為什麼要給大家看同一個會場呢？

於是，天貓就在二〇一五年的雙十一做了個性化的調整，從預熱開始到當天的無線端會場頁面，全部根據用戶曾經的瀏覽習慣和加入購物車、收藏夾的情況，以及用戶可能感興趣的同類推薦進行展現。

既然「去中心化」的嘗試如此成功，那麼我們是否可以說以後就只有這條路了，中心化的配對方式終將被去中心化替代，中心化的模式將不再有任何出路，進而我們是否又可以預測社交、社群、社區這樣的模式會逐漸侵吞原來的電商平台，各類 APP 會像滿天繁星般密布在整個行動網路中，而每一個 APP 或多或少會黏住一部分用戶？

總之，不會再有一條主要的路徑，不會再有一個主要的通道，所有的一切都將向外散去。

很多時候，趨勢和潮流發生是事實，但永遠不會發展到極致或極端。「去中心化」是趨勢，但更確切地說，這個趨勢應該是「變得不那麼中心化」，「中心」可能永遠不會有完全被去除的那一天。

從二〇一三年開始，有很多人在替阿里巴巴擔心，擔心那些有社交屬性的應用，特別是微信，發展得愈來愈大、愈長愈壯，繼而像微店這樣的模式會逐漸侵吞掉阿里巴巴的電商額度。到了二〇一五年年底，我們已經看到原本被看好的微商發展遠不如想像，微店雖然有了千萬級的用戶，但基本上都是賣家，真正被微店吸引的買家並不多，沒有購買流量，僅有一個開店工具，對微商來說，也不具吸引力。不僅是微店，整個微店行業加起來，至今也沒有對阿里巴巴的電商業務形成真正的威脅，究其原因，就和「中心化」及「去中心化」有關。

對一般消費者來說，購物這件事情很自然地需要中心化的發現路徑。可以想像一下，如果購物行為的發現路徑完全依賴社交，我們見到的東西就可能永遠在幾種類型中，永遠在一個範圍內，而超過這個範圍的東西不代表我們不感興趣或沒有需求，如果沒有中心化的路徑，我們找到這些「新」東西的成本反而可能增加。

舉例來說，我們都知道，儘管互聯網連接了全球，但國際四大時裝週仍是世界服裝時尚和流行的風向球，每年全球最時尚、最前端的人們聚集在四大時裝週裡，為的就是在這個中心觀察和感知潮流最前端的變化。這個中心從未消散過。

可能有人會說，要是不關心時尚呢？那麼它對個人來說就不是中心。首先，這和有無這個「中心」是兩回事。它存在，我們可以不關注它，但如果它不存在，我們可能連自己是否喜歡、有無需求都不會知道。其次，我們可以不關心服裝、不關心時尚，但我們也許關心美食，然後關心米其林，即使米蘭時裝週對我們不是中心，我們也會有米其林這個中心。

“ 很多時候，趨勢和潮流發生是事實，但永遠不會發展到極致或極端。 ”

所以，「去中心化」不是極致的，只是「中心」比以前更多了而已，即使行動網路把每個人都連進去了，在整個網路中，一樣會形成凝聚力更強、輻射面更廣的節點，這些點一定會在某種意義上扮演「中心」的角色。以後，各類APP一定會縮減，每個領域留下兩、三個APP也就飽和了。

也許，中心化和非中心化相結合才是比較恰當的方式。打開現在的手機淘寶，可以明顯看到中心化和非中心化的配對方式，共同發揮著作用。首頁不但有關鍵字搜尋，還可以使用鏡頭直接拍照搜尋；然後是導航，儼然就是hao123（百度旗下網站）的導航方式，把我們引向各個模組；往下滑動，「有好貨」、「愛逛街」等導購模組把社區和個性化這兩種非中心化的方式結合在一起。在這個網頁中，用戶的路徑變得更加豐富。在一些場景裡，我們可以只選擇自己關注的範圍，瀏覽那些自己可能會喜歡的東西，而在另一些場景中，我們則需要去查找，才能找到自己並不熟悉但正好需要的東西。

再者，中心化和去中心化之間並沒有分明的界限，我們需要的是掌握平衡。如果我們更傾向於提供消費者明確的商品品質和清晰的服務標準，就應該使用更具控制力的方法，更常用中心化的方式進行連接和配對。如果我們提供的商品和服務本來就是比較標準的，亦可選擇傾向於中心化的方式，這也是為什麼在數位、電器這個大品類裡京東做得比淘寶、天貓好。相反地，如果我們希望出現更豐富的多樣性，就應該依靠個人的力量，把每個人都當成一個有效的節點，用更加去中心化的方式啟動每個節點。社交和社群、人與人之間、節點和節點之間的關係，自然就更加具體和強烈，所以更偏向這一類的應用和業務，就更適合用去中心化的方式運作。但電商業務所累積的「關係」，本質上就是弱關係，可以形成社區，卻可能永遠無法形成社交，這樣的模式就不太可能完全脫離中心化。

打贏這一仗，只要做三件事

目前，手機淘寶的負責人南天（化名）告訴我們，從二〇一四至一五年雙十一，打贏這一場仗只做了三件事。

前兩件事是相對比較技術層面的。手機淘寶，一個 APP 幾乎包含了阿里系面對境內消費者的所有電商業務模組，這些業務模組的邏輯各不相同，技術的耦合性太強，相互隔離性太弱，往往一個模組發生變動就牽一髮動全身，於是 APP 失去了快速應變的能力。所以第一件事就是要改變技術架構，把大家都模組化，使相互之間的影響降到最小。經過這樣的技術調整，手機淘寶 APP 的更新週期從每兩個月一次提升到每週都有一個新版本，原來每次都需要用戶手動更新，而在有了 WiFi 的情況下，用戶端就可以自動更新。

第二件事是從跨終端過渡到「手機優先」之後，我們會發現在行動端上找不到用戶體驗的標準。我們在使用某個 APP 時可能會覺得它耗電、占流量，但實際上怎樣才算不耗電、不占流量以及怎麼樣的互動速度才順暢，並沒有人能給出具體和清晰的答案。二〇一四年的雙十一，無線端做了一項準備工作。年初一個用戶從打開手機淘寶開始，啟動APP載入、搜尋、商品出現、加入購物車、下單，不假思索地完成整個過程要花二十五秒，因此那一年無線團隊訂下的目標是：在雙十一之前優化到十秒。做到這一點看似只是提升了速度，其實需要在用戶的整個行為路徑上建立技術優化的閉環，先定義技術標準，比如在3G狀態下載入頁面要在一秒內完成，然後用這個技術標準去檢測用戶的體驗是否得到滿足。即使在技術上已經做到一秒內載入完畢，可是仍有相當一部分的用戶行為都中斷在載入這一步，那麼這個技術標準也需要再次提高。阿里巴巴就是這樣，透過技術的不斷提升來優化用戶體驗。

第三件事則是把原來淘寶、天貓營運主導的方式改變成產品主導，而產品主導最重要的部分就是發現機制。手機淘寶從跨終端的方式過渡而來，中心化的路徑比較強勢，基本上也已經成形，產品主導實現的重點則是非中心化的發現機制，主要有兩種，即社區化的業務方式和個性化推薦。

前面說過，在淘寶、天貓這種平台型電商業務裡只有弱關係，硬是要做社交很可能事倍功半，做社區才是首選。比如，在商品頁面展現評價和評論的模組裡，添加一個「問大家」，意思是有什麼在看過商品資訊和以前的評論之後仍然沒有掌握的資訊，不妨在此問一下買過的人，說不定有人願意回答。這很像百度知道，是一個典型的社區應用，有利於大家共用經驗，非常適合於購物當中讓要買的人和買過的人發生關聯。

至於個性化推薦，我們通常理解的就是商品推薦方面的個性化，其實個性化還包括在看起來較統一的交互結構中，實現各個入口的個性化。現在打開手機淘寶頁面，每個人看到的頁面結構基本上是相同的，但每個模組看到的圖片和文字有可能是不同的。比如「有好貨」這個模組，每個人在此看到的商品推薦都是不同的，推薦結果是透過計算我們每個人的搜尋、瀏覽、收藏甚至購買行為資料得來的。

一開始，在首頁「有好貨」這個模組的入口處，呈現的圖片和文字是同樣的，而且相對固定，用戶可能會認為裡面的內容沒有進行更新，於是就不會點進去看。後來做了一次調整，用戶每次打開，此處的圖片都會發生變化，展現出來的是用戶點進去能看到的某件商品主圖，至於是哪一個，則由一種輪播機制決定。經過調整之後，這個入口的點擊率提升了百分之二十；再後來，有的用戶回饋，每次展現在這裡的圖片和點擊進去之後看到的不一樣，於是又做了進一步調整，用戶每次打開手機淘寶，「有好貨」推薦給該用戶的商品就更新一次，而且馬上把更新後排在第一個的商品主圖呈現在入口處，讓用戶能夠直接看到，同時搭配的文字也會因這件商品的不同而不同。這次調整是把商品的個性化推薦更加外化，更加直接地展現在入口處，更貼近用戶，互動感更強，這次調整直接讓「有好貨」在首頁的點擊率又提升了百分之七十。

由此看來，第一件事是站在跨終端的視角來審視行動端在技術能力上的不足，並借鑑以前WAP時期的經驗和方法，提升技術協同的效率。第二和第三件事情則從「手機優先」出發，圍繞著行動端獨有的用戶需求，提升產品體驗和技術體驗。

有時我們並不需要做得太多，做好最簡單的、最基礎的事情或集中力量做最少的事情，才有利於看清楚關鍵問題，並突破關鍵點，看似不可能的任務才有可能完成。

玩數據就是玩行銷

「大數據」這個概念好像在二〇一三到一四年時作為一個互聯網概念很盛行，後來逐漸淡出了創業圈、投資圈和大眾的視野。

事實上，「大數據」並非什麼概念，數據是特別真實和客觀存在的一種事物，由來已久，只不過因為互聯網對數據的傳遞、整合速度不斷加快，所以有很多互聯網公司所擁有的數據量級，看起來比一般傳統企業大得多，不知道是不是這個原因，「大數據」成了一個互聯網概念。

究竟什麼是「大數據」？它又為我們的生活帶來什麼影響？不如用一個流傳在網上的故事來解釋一下，或許比較容易理解。

一家比薩店的外賣電話響了，店長拿起電話。

店長：××比薩店，您好，請問有什麼需要為您服務？

顧客：你好，我想要一份比薩。

店長：請問您是陳先生嗎？

顧客：你怎麼知道我姓陳？

店長：陳先生，因為我們的客戶關係管理系統連通了三大通訊服務商，看到您的來電號碼，我就知道您貴姓了。

顧客：哦，那我想要一份海鮮至尊比薩。

店長：陳先生，海鮮比薩不適合您，建議您另選一份。

顧客：為什麼？

店長：根據您的醫療紀錄，您的血尿酸值偏高，有痛風症狀，建議您不要食用高普林的食物。您可以試試店裡最經典的田園蔬菜比薩，低脂、健康，符合您現階段的飲食要求。

顧客：你怎麼知道我會喜歡這種比薩？

店長：您上週在網路書店買了一本《低脂健康食譜》，其中就有這款比薩的食譜。

顧客：那好吧。我要一個家庭特大號比薩，多少錢？

店長：九十九元。這個足夠您一家六口吃了。但您的母親應該少吃，她上個月剛做冠狀動脈繞道手術，還處於恢復期。

“有時我們並不需要做得太多，做好最簡單的、最基礎的事情或集中力量做最少的事情，才有利於看清楚關鍵問題。”

顧客：好的，知道了。我可以刷卡嗎？

店長：抱歉，陳先生。請您付現吧，因為您的信用卡已經刷爆了，您現在還欠銀行五千元，而且還不包括房貸利息。

顧客：那我先去附近的提款機提領現金。

店長：陳先生，根據銀行紀錄，您今天已經超過了每日提款限額。

顧客：算了，那你們直接把比薩送到我家吧，家裡有現金。你們多久能送到？

店長：大約三十分鐘。如果您不想等，可以自己來取。

顧客：為什麼？

店長：我這邊看到您家的地址是解放路東段二十二號，距離我們店開車只有五分鐘路程，您名下登記有一輛車號為××××××的轎車，這輛車目前正在距離您家不到兩分鐘車程的地方。如果您等不及，可以回家拿了現金就開車來店裡取，這大概要花您十分鐘的時間，正好是一個比薩出爐的時間。這樣您總共只需花十五至二十分鐘就可以將比薩拿回家，比我們送上門還快。

顧客差點暈倒。

這就是所謂的「大數據」。一家比薩店因為把自身的「客戶關係管理」系統和各種網路資料進行了對照，變得彷彿無所不知、無所不曉，但對該顧客來說，從上到下、由裡到外所有資訊都被整個網路掌握，還被商家進行有效利用。這就是大數據。

其實，數據這東西一直存在。從上面的例子中，大家不難看到，無論是電話號碼、地址、家庭成員、醫療紀錄獲信用卡消費紀錄、銀行提款紀錄，這些資料一直圍繞在我們周圍，一直存在於我們的生活裡。只不過以前沒有方便快捷的工具，這些資料可能沒有被完整記錄下來，或者記錄下來後被孤立地鎖在倉庫裡，不但沒有被有效利用，還很難被準確找到。互聯網資訊技術讓這些資料的紀錄、整合、互通都可以在瞬間完成，所以資料變得前所未有的大而全，並且衍生出各種各樣的應用方式。

資料的應用目的是提升供需兩者之間的配對效率，在面向供應鏈側，資料應用的主要作用是為不同的生產單元找到成本、效率最合適的配對關係；而在面對一般用戶及消費者時，資料的主要應用場景還是行銷。

上面例子中的比薩店店長，在一系列完整的用戶資料支持下，所做的就是一次完美的精準行銷（雖然這個例子的行銷是被動式的），透過資料完成了比薩和用戶真實需求之間快速、良好的配對。當然，這裡說的行銷是指廣義上的營銷，可以理解為「不惜使用各種方法把合適的東西賣給合適的人」。例子中提醒顧客和家人的身體狀況，這可以理解為增值服務，是有效的行銷手段之一，也是提升賣貨轉換率及提升普通顧客到長期用戶的轉換手段之一。同樣，例子中提到因為顧客的銀行紀錄而建議使用現金，這是避免銷售風險的有效措施，這雖然是風險控管，但也可以理解為整體行銷策略的一部分。

“資料的應用目的是提升供需兩者之間的配對效率，在面向供應鏈側，資料應用的主要作用是為不同的生產單元找到成本、效率最合適的配對關係。”

雙十一和「猜你喜歡」

作為平台，對資料最直接、最有效的應用方式也是營銷。平台希望的是長久留住海量的消費者，希望這些消費者能持續不斷地貢獻成交量。平台透過行銷要實現的是持久、有活力的消費行為，需要為所有的消費者建構一個輕鬆、自在、簡單、便捷的購物環境。於是，在「怎麼讓消費者找到想要買的東西」這件事上，幾乎所有的電商平台都要解決這樣一個問題：猜你喜歡。

雙十一的天貓也不例外，而且當參與雙十一的品類愈來愈多、商品種類和規模愈來愈大，在消費路徑上，內置一層精準度愈來愈高的「猜你喜歡」就變得愈來愈有必要。

對一般消費者來說，「猜你喜歡」很容易被理解成：我需要買一個東西，除了輸入關鍵字、打開搜尋列表之外，可能還有一個叫做「猜你喜歡」或類似稱呼的入口，點進去後展現出來的都是和個人喜好較接近的東西。但，對平台來說，「猜你喜歡」不是一個入口、一個頁面，也不是一個資料產品、一種資料模式，而是在消費者應用端的一種資料要素。什麼是消費者應用端？什麼是資料要素？消費者應用端的意思是只要面向消費者的，或者有消費者以重要角色參與其中的應用場景都應包含其中；資料要素則指只要包含資料的計算和使用，就必須涉及或使用某個元素。說得具體一點，即像搜尋結果排序、廣告展現概率、活動頁面區塊的分布和排序等，這些展現在消費者眼前等待他們去挑選商品的場景，無論商品分布所參考的主要資料元素為何，「猜你喜歡」必然是其中不可或缺的一項。

對傳統零售、尤其是超市這種零售經營型態來說，貨架的擺放是一門很講究的學問，合理的擺放可帶動消費者的購物欲望。我們都知道的宜家家居除了場景式體驗，常常為人稱道的另外一點就是，它的貨架擺放為消費者勾畫出一條既能帶動購物欲望、又有不錯購物體驗的參觀路徑。這種貨架擺放設計也是一種「猜你喜歡」，只不過對傳統零售來說，把更多消費者吸引進來已相當不易，所以路徑夠長，就能讓消費者在已有空間停留夠長的時間，以確保所有品類都能經過，這成了貨架擺放設計最重要的事情。另外，傳統零售無法照顧每位入場消費者的喜好，只能基於大眾的消費心理，把成本小、回購率高的快速消費品放在最顯眼的位置，以提升整體的動銷率。

相對於傳統零售，電商最不一樣的就是它的開放性，消費者前一秒還開著A網站的網頁，下一秒有可能已經轉戰到B網站，兩者之間不需要什麼過渡，甚至不需要成本。所以對電商平台來說，留住用戶的最佳辦法並不是強制消費者的停留時間，而是幫他們更加快速便捷地找到自己喜歡的東西。「猜你喜歡」可以讓整個平台的配對效率得以提升。

本書所說的「效率」，可能比較接近這個說法：一種現有技術配對方式能帶來的交易效益增長情況。特別是那些能讓交易的雙方在交易中獲得更多收益的技術配對方式，將會獲得更多的成長機會和空間。這裡說到的交易效益並不僅僅指東西能否賣出去，如

“對電商平台來說，留住用戶的最佳辦法並不是強制消費者的停留時間，
而是幫他們更加快速便捷地找到自己喜歡的東西。”

果單純把東西賣出去，那麼村口每天賣油鹽醬醋、香菸和冰棒的雜貨店效益應該最高。我們所講的平台交易效益可以從兩個角度來理解：一是每件商品及其潛在消費者之間的配對速率；另一則是能夠配對到潛在消費者的商品量和類型在整個平台的商品當中的涵蓋面積，或者反過來說，平台透過分發商品能夠滿足的消費者之絕對數量及類型。

舉一些具體例子來說明。以前，熱愛美食的我們買到阿拉斯加帝王蟹的機率有多高？即使在距離我們的住所不算太遠的地方，有個能買到世界各地生鮮的大型超市，想要買到它也要有以下的條件：超市剛好有貨、有去超市的時間、剛好去了超市（可能正好需要購買其他東西）、剛好看到的東西很新鮮並符合我們的要求。以上狀況估計可能是一季一次。但是，網購，特別是跨境網購實現以後，所有的障礙都消除了，前面提到的四個條件隨時成立，只要我們想吃，隨時都可以買到。這是第一個角度。

據不完全統計，二〇一五年雙十一參與打折的商品超過十萬件，那麼多商品如果按照千篇一律的方式展現在每位消費者面前，或者只能透過消費者主動搜尋才能依據需求展現區別，十萬件商品想要全部得以展現，需要多少時間？雙十一當天的二十四小時肯定不夠，把七個雙十一的時間加起來恐怕也不夠。當我們把「猜你喜歡」作為一個資料要素放到展現端，在每次供需配對過程中都做一次消費者喜好關聯度的配對，十萬件商品無疑會被打得更散，在天貓將近兩億的買家面前分布得更開更廣，商品和潛在買家得以找到對方的機率也就更大，這就是從第二個角度來理解的平台交易效益的提升。

其實，不僅是電商領域，在其他領域也一樣，只要最終需要落實到面對一般大眾的場景，資料需要解決的首要問題都是「猜你喜歡」。在我目前從事的文化業裡，有不少人對資料仍抱著嫌棄和鄙夷的態度，他們認為，至少在這個行業裡，資料只能成為「馬後砲」，在事後總結中為「嘴砲」們提供佐證。可是，照樣有些淺顯的資料實例可以證明，在「猜你喜歡」這方面的資料是有用的。比如在廣東省的電影院線，粵語電影的上映率最高，票房成績最好；像《戰狼》這樣的電影，北方院線的表現明顯好過東南沿海地區；而上海永遠是進口大片表現最好的地方。這樣的資料難道不能為電影的發行和院線的檔期做出指引嗎？

「猜你喜歡」其實就是精準行銷。在傳統快速消費品行業，市場行銷的一項重要工作就是了解消費者心理，在沒有互聯網的時代，需要先做大量的問卷調查和線下觀測、資料搜集工作。和傳統零售、傳統市場行銷工作一樣，未來的互聯網只會愈來愈擁擠，接觸消費者的機會，即互聯網所謂的流量，來之不易。流量變貴的時候，如何盡可能把流量轉變為現實成交，這就是精準行銷的任務，也是精準行銷愈來愈重要的原因。

那些年，他們在「猜你喜歡」時走過的彎路

離開阿里巴巴之後，我發現每當我要說起一些光榮往事時，我喜歡用「我們」，而當我準備吐槽時，我可以盡情地使用「他們」。我在標題裡使用了「他們」，所以下面

> 「猜你喜歡」其實就是精準行銷。接觸消費者的機會，即互聯網所謂的流量，盡可能把流量轉變為現實成交，這就是精準行銷的任務。

這部分是吐槽。

以前阿里媽媽（阿里巴巴集團旗下主營廣告交易平台的公司）有一款類似「猜你喜歡」的資料產品，功能是在商家購買商業廣告之後，在商品被投放到消費者面前展現時，加入一項對消費者偏好的演算法，以確保消費者能看到他們感興趣的東西，從而提升廣告的轉換率，節省商家的廣告成本。這個產品曾被淘寶、天貓裡的商家廣泛使用。大公司的產品就是這樣，無論好或不好，一開始總是很容易獲取一定的用戶量，但很快大家就發現了問題。你剛剛買下一盞檯燈，關掉交易訂單頁面回到「我的淘寶」，發現頁面中出現商品推薦的位置上又出現了檯燈，而且新出現的檯燈款式、外型、材質居然和剛剛買的那盞一樣，只是價格不同，還便宜了一點，而且這正是你會介意的那一點。頓時，剛剛還頗滿意的購物體驗一下子變得完全不滿意。還有一個案例，因為家裡辦喪事而買了一些喪葬用品，之後有段時間每次打開淘寶頁面，儘管出於別的需要，之後還打開過蝦米音樂或土豆視頻的頁面，無論去哪裡，仍會看到展現喪葬用品的廣告。點進去都是淘寶店鋪，你說煩不煩?!

確實很煩，都買過的東西仍一再推薦，難道不知道剛剛買完之後的一段時間內，消費者的回購率是最低的嗎？推薦一個同款更低價的產品，是存心想讓消費者退貨嗎？「購買」這個動作和喜好的關聯度真的有那麼大？大到從資料上不能分辨出本次購買行為只是本次需要還是長期喜好？另外，我先解釋一下為什麼會有人感覺漫天遍野都是淘寶店鋪的廣告。這是根據廣告聯盟產生的，也就是眾多中小型網站可以把商家投放在廣告聯盟裡的廣告放在自己的網站上，如果來自自己網站的流量最終在商家店鋪形成了購買、產生收益，作為站主就能以大家事先在聯盟裡達成約定的方式來取得廣告收益，這種收益通常是以實際銷售產品數量來換算廣告刊登金額。當廣告聯盟結合了上面這種「猜你喜歡」之後，很可能會發生到處都是喪葬用品這種無可奈何的廣告推送。

關於上面這種奇怪的推送結果，他們很快就收到了回饋，阿里的人當然也很快就找到原因：在「猜你喜歡」的所有資料維度中，「購買」這種具有確定性結果的動作所占比重相對太高，「加入購物車」和「收藏」也是其中重要的維度，但如何分配比重，在不同類型的商品之間，對不同的消費者來說差異太大，很難找到普及的方法。他們不停摸索著更深層次的原因，想要找到消費者個體之間的關係，並寄望透過找到「關係」來解決推薦的問題。

我舉一個例子，假設有位消費者剛剛收藏了一個大型家具，比如雙人床，如果僅透過他自己以往在淘寶、天貓留下的消費行為來推斷他的喜好，極有可能不足以推薦更多他可能會喜歡的雙人床，可能他正在裝修，以前他沒有產生過對家具的需求，所以無從查找歷史紀錄裡；也許他只是要給正在裝修的朋友買一件禮物。即使找到了他既往所有的瀏覽行為和偏好，也很難摸索出他本次購買的真實需求，所以很難提供理想的推薦。於是他們想到了，如果有了「關係」，這些問題就可以解決。比如他雖然沒有買過雙人床，但朋友當中應該有人買過，也許可以請朋友推薦，如果他朋友也沒有買過，或許可透過朋友的朋友的喜好來配對出他最有可能喜歡的類型。

很快地，這種希望也落空了；應該說，是這種希望在一次次的嘗試中不斷落空。淘寶、天貓分別嘗試過很多次，希望能在消費者之間建立關係，有的直接從和消費強關聯的場景切入，有的企圖從比較遠的場景繞回來，前者如淘寶雙十二初創的「願望清單」和「掃貨小分隊」（拉朋友組團向商家砍價），後者如早期的「淘江湖」等。然而，沒有一個成功過。

為什麼強大的阿里巴巴也會在這個問題上徘徊那麼久，反覆試錯又反覆犯錯呢？我的答案是，阿里巴巴在這個問題上搞錯了前提。

「關係」這個概念來自社群網站，並於二〇〇九年風靡整個互聯網。從那時起，確實有一些外部模式透過建立人和人之間的社交網路，沉澱出海量的「關係」資料，這些關係資料也確實有效地被應用到電商範疇裡，對商品推送、廣告等業務產生有效的作用。這和我們在面對自己日常生活工作中遇到的問題一樣，愈是自己沒有的，愈是想要得到。阿里巴巴亦是如此，作為當下中國最厲害的網路公司之一，怎麼可以看到別人做出那麼有價值的事情，而自己卻沒有？而且在當時，整個市場能有效解決關聯推送的方法並不多，「關係」是為數不多被驗證真實有效的方法，也難怪他們如此執著。

我們反觀那些從社交發展而來的「關係」數據分析，它們一開始切入的場景都是比較單純的交流，有的只是通訊方面的交流，有的可能是基於娛樂或經驗分享的交流。當交流達到一定的頻率、密度和強度，「關係」就順其自然產生，社交模型和「關係」資料被同步沉澱下來。而基於這種交流，用戶個體之間偶發或頻發的一些商品推薦，都是順其自然並且有很大的挖掘空間，於是，社交關係數據被應用到商品推薦當中產生經濟效益，自然而然也就成立了。但前提是社交的場景本身是成立的，而不是從交易場景倒推回去所推導出來的。

所有資料應用都要找到適合的應用方式

微信的初始應用場景是什麼？通訊。通訊和人的什麼屬性有強關聯？毫無疑問，答案是社交，而且是基於線下實實在在的關係產生的社交。所以，微信被公認是自帶社交屬性的產品。淘寶、天貓的初始場景是什麼？交易。交易和人的什麼屬性有強關聯？毫無疑問，答案是消費，所以整個阿里巴巴所提供的服務都被認為和消費有著永遠撇不清的關係。作為一般用戶，我們都知道社交是每個人都有的需求，但這只是其中一個角度，消費是另一個角度，兩者有部分交叉，也有明顯的區隔。

回到「買東西需要推薦嗎」這個問題。社交確實能為我們解決一些問題，比如我就經常問我在出版社工作的朋友有無某類好書推薦。但若放棄從消費場景本身出發，一味從社交中找辦法，這無異於在海南蓋一座露天滑雪場，是違背天時地利等先決條件的，事倍功半還不一定能成功。況且，回到電商基因本身，沿著順應氣候的路徑思考，也並不是不可能找到沉澱「關係」的優質方法。

讓我們試著想想，基於交易場景，用戶端帶有基因屬性的「關係」有哪些。首先是「導購關係」。淘寶網從誕生那天起，幾乎每個淘寶店鋪都自帶導購功能，每個商家都是經由自己的喜好，把商品重組後從實體拿到網路進行販售的買手，最早很多買家和網店形成的關係就是「我超級喜歡這家店的風格」。從某種角度來說，整個淘寶（當然這種基因也延續到天貓）可說是導購網站的大集合。

其次是「同好關係」。如果我們把每件商品、每個店家看成是一個節點，那麼多消費者在淘寶、天貓上形成的消費行為很容易被圈出一個個、一層層的同好關係。在某些行業、某些類別或某些場景中，同好關係能發揮的作用非常可觀，比如運動、讀書、美食等。

接下來是「分享」。分享其實是人的天性，無論是基於炫耀心理，還是被幫助和幫助的需要，人是願意分享的，尤其在不影響自身利益、不是很麻煩、操作成本不高的情況下。而且，阿里系有個了不起的產品，在中國的商業史上有可能留下重要一筆，那就是「評論」。這個產品無疑催化了分享基因的產生，或者說至少強化了分享的氛圍。

基於上述的認識，我們大概可從以下幾個方面找到使用平台資料的方法。

一、人群。首先，每件商品會根據屬性、風格等特徵而產生的標籤，每個消費者在對不同的商品進行瀏覽、收藏、購買等動作之後，就會帶上與之關聯的標籤。然後，當我們把每個標籤提取出來時，就可以牽動一個人群。不同的人群之間肯定會有不同程度的關聯與交叉，甚至重疊。基於上述人群的分布，至少可以產生兩種「猜你喜歡」的資料應用方式：第一種從單個消費者個體出發，我們可以先判斷他身上的標籤有哪些，然後透過演算法找到和他全部標籤最接近的人，而這些人還喜歡買什麼東西。標籤相似度愈高，相互借鑑喜好、分享感興趣商品的必要性也就愈高。另一種可能比較抽象，我們需要拿具體的標籤來舉例。比如有個標籤叫做「日系」，另一個標籤叫做「韓風」，還有一個標籤叫做「龐克」。透過比較這三個標籤所涵蓋的人群重合度，我們發現「日系」和「韓風」的距離靠得更近，而和「龐克」相對離得較遠。那麼，我們在為一個身上有「日系」標籤的消費者推薦商品時，同時出現帶有「韓風」標籤的商品機率就應該較高，而帶有「龐克」標籤的產品則應該較低（參考圖14）。

二、跟蹤。天貓和淘寶都是綜合型的超大級別平台，買和賣兩端的用戶數量都十分巨大，買賣連接形成的網絡也十分密集。當我們把每個用戶的購物行為從開始到結束全部記錄下來，只要進行全鏈路跟蹤，就一定會找到原來單鏈條中的用戶和其他用戶之間相互關聯的節點，然後透過節點進行多向的數據交互，並形成有效的資料應用。再以前面提到的網購雙人床為例，這位用戶因為家裡裝修，第一次在天貓搜尋了雙人床，當他收藏了某款雙人床或販售這款雙人床的店鋪之後，買賣的資料就形成一條鏈路，同時，

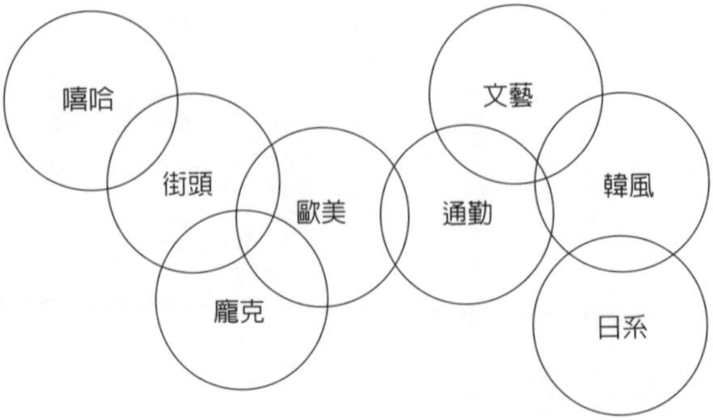

（上圖只是表示「標籤」之間相互關係、遠近的示意圖並不代表資料的實際情況和準確結果。）

圖 14 從消費者身上的標籤找出適合的商品

商家的店鋪和商品也都成為節點，我們可以跟蹤這個節點，把一段時間內也收藏了這家店或這個商品的買家找出來，再去找這些買家還收藏了哪些同品類的店鋪。我們猜測，這些買家的需求或喜好和原來鏈條中作為起點的買家有著一些相似之處，於是就可以把他們的選擇推送給原來的那位買家。

三、開放。如果以上兩點是在說方法，那麼這一點說的是態度。前面吐槽時，我們說到將廣告投放和「猜你喜歡」結合在一起，提供給商家使用，本意是提升商家廣告投放的轉換，可是效果並不理想。如果我們可以把如何在消費者端進行廣告投放和呈現這件事交給商家自己決定又會如何？可想而知，商家們一定會想辦法在既定規則中用最小成本去達到最佳效果。應用資料來找到潛在用戶、實現精準配對，也一定是商家會去尋找的辦法，而且不同行業的商家、不同級別的品牌，找到的辦法肯定會有區別。它們所找到的方法不一定比身為平台服務供應商的阿里巴巴提供的方法高級，但一定更多樣、更有針對性，說不定最終達到的效果也更加理想。所以，愈是平台就愈需要引入用戶的參與，尤其是可作為大節點的用戶，需要提供他開放式的參與方式，以此激發他的主觀能動性，從而對整個行動網路以及資料網路產生正向作用。

除了「猜你喜歡」，二〇一五年雙十一之前，天貓還透過一個叫做「御膳房」的服務向商家開放更多的資料應用權限。商家可以自行開發資料模式，或者請專業的第三方服務商為自己開發資料演算法程式，透過平台提供的開放工具，在平台的資料庫寫入演算法，在平台所提供的「黑箱」環境中進行運算後得出資料結論，然後再藉由平台提供一體化工具，對資料結果進行應用。比如，如果商家認為需要對在雙十一前半個月收藏過和自己同類商品的所有消費者推送自己店鋪的廣告，就可以把上述資料條件以資料程式的方式寫入平台環境，經過計算即可得出該商家需要鎖定的人群，然後商家再藉由平台提供的廣告定向投放工具，對自己鎖定的人群進行針對性的投放。

男裝品牌「勁霸」在二〇一五年雙十一之前，在一家專門提供資料服務的第三方幫助下，藉由阿里巴巴所提供的御膳房服務，在天貓站內廣告投放管道為店鋪和品牌拉動新用戶的過程中，取得了比二〇一四年高出兩倍的轉換率。

> 愈是平台就愈需要引入用戶的參與，從而對整個行動網路以及資料網路產生正向作用。

倘若身為平台服務商的天貓、淘寶能進一步開放這類資料服務，並深化應用範圍，那麼對於整個平台的效率提升都將發揮十分可觀的作用。

資料行銷中最重要的事情

對平台來說，資料行銷最重要的事情是「猜你喜歡」，透過「猜你喜歡」，把各種不同類型的商品以最快速高效的方式展現在潛在消費者面前。對於單一品牌或在互聯網的海洋上單獨徜徉的各類APP來說，資料行銷中最重要的事情又是什麼呢？

以前天貓、淘寶的商家們在資料方面只做了一件事情，就是看自己店鋪的資料，最多再拿自己店鋪的資料和同業同類別的其他店鋪去進行比較。得出的結論往往最後歸結在兩件事上：為消費者提供更低的價格、更高的成本效益。商家應用資料的範圍之所以一直未能擴展，得到的結論對品牌的幫助、特別是比較長遠的幫助並不大，原因就是那時大家將太多注意力放在銷售轉換上，而且基本上只關注銷售轉換。

其實，這也和天貓、淘寶的基因有關，特別是天貓。因為天貓是一個立志向消費者提供確定性購物體驗的B2C平台，它引入的商家大多有著比較成熟的線下管道品牌商。很多品牌商雖然是在看到電商蓬勃發展的趨勢以及雙十一愈來愈大的影響力而來到天貓平台，但可能是考慮到線上和線下管道的平衡，也可能基於慣性，品牌商的品牌推廣和品牌建設並未進入天貓，大家更傾向於把天貓、淘寶當成是在網上打開銷售管道，形成可觀的銷售轉換的一種方式。所以，無論是在雙十一還是平時，大家更關心實際的成交金額，隨著拉新流量的成本代價愈來愈高，大家又開始關心轉換率。總之，大家關心的只有「能賣出多少」這個問題，當站內廣告要收費且因競爭之故使得廣告費愈來愈貴時，大家又開始轉而關心如何用盡量小的成本換得較多可以轉換為成交的流量。

換句話說，就是商家對用戶進行精準行銷的需求變得更強烈。也不是說以往大家不需要精準行銷，而是以往從行銷出發對資料進行的應用太初級。當需求強化後，就需要品牌、店鋪對自己的用戶（包括潛在用戶）進行族群區分，針對不同的族群制訂不同的銷售、推廣策略，這樣才有可能在整體上獲得最大效果。

按照用戶和店鋪的密切程度，也許可將用戶分成經常或定期回到店鋪進行購買的忠實用戶、買過一兩次再也沒出現的沉默用戶、只是看看卻從未買過的外部用戶，以及在競品店鋪裡有過成交的潛在用戶。對於不同行業不同類型的品牌和店鋪，這種分類方式可能還是具有一定的普及性。

首先，平台提供的資料服務可以比較方便我們找到並區分出這部分用戶。天貓、淘寶的交易過程讓每個消費者都留下清楚的交易行為，最重要的五個資料節點大概是搜尋、瀏覽、收藏、加至購物車及購買，加上這些行為發生的頻率和每個消費者的屬性資料（年齡、性別、地理位置等），就可以比較清楚看到不同群體的消費者和店鋪、品牌的緊密程度。同樣地，競品店鋪的這類資料還可以讓品牌商快速找到自己的潛在用戶。

然後，向這些不同的群體推送不同的商品、提供不同的優惠、投放不同的吸引力，經過每個商家的自行摸索後所產生的行銷效果一定會比較理想。

比如，某品牌旗艦店為吸引新用戶策畫了一個店鋪優惠活動，僅給第一次在店裡購物的用戶進行返還現金紅包的活動，這個活動就比較適合投放給觀望許久卻仍沒購買的外部用戶以及與競爭對手成交過的用戶。恰當的優惠力度很容易給這些人來個臨門一腳，把他們推到店裡來，最終形成購買，甚至長時間的關注。

似遠又近的C2B

每年的十月中下旬，天貓會提前二十多天將雙十一活動的預熱頁面上線，往年預熱頁面堆放的都是各商家主推的單品，而近幾年，「預售」商品成了主角。

雙十一預售是最簡單的C2B模型

所謂「預售」，指的是消費者分兩階段付款，先支付少部分訂金，再從雙十一當天的某個時點開始支付商品的餘款；預售商品的價格比在雙十一當天的活動價格還要低。對商家來說，可以透過預售方式，以比雙十一更優惠的價格吸引消費者提前確定購物意願，並以支付訂金的方式提前鎖定一部分銷量。

二〇一三年雙十一，天貓開始在預熱階段大力推行家用電器類的商品預售，當年，這種新穎的交易方式吸引大量消費者為自己想買的東西支付了訂金。到了二〇一五年，預售已經涵蓋到電器、服飾、大型家具、旅遊產品等多個品類，更多商家和消費者習慣了這種提前確定購買意願的交易方式。

把預售這種交易方式應用在雙十一，對天貓平台還有一個絕佳的好處。要在雙十一當天讓消費者的購買熱情一直保持高漲並不容易。籌辦過派對的人一定都深有感觸，把大家邀請過來，最怕的就是出現冷場，否則氣氛很容易變成僵。要想讓每個人都能在派對裡玩得高興，就必須在每個時段都安排一些能帶動情緒和活躍氣氛的活動。雙十一也是一樣，整體氛圍能否保持持續高漲，對活動的最終效果有著至關重要的作用。於是，天貓必須提前在各時間點做出安排。

之前我們說過，雙十一的整合行銷方案中必須包含雙十一全天的行銷計畫，每個時段都要安排放出一些誘人的返利和新穎的玩法，以吸引消費者不斷入場、不斷返場。除此之外，還有非常重要的一點，就是天貓必須不斷對外釋放出足以引人注目又能持續炒熱瘋狂購物氣氛的話題，而在當天所產生的眾多資訊中，既能烘托購物氣氛又能凸顯雙十一影響力的資訊，當然還是時時衝高的交易額數據。「預售」正好能幫助天貓在各時段有效拉動成交曲線。所有預售商品都要求在雙十一之前付好訂金，但尾款的支付時間可以不同。天貓可以依據訂金支付情況，比較準確預測出各預售商品的最終銷售量，然

> 恰當的優惠力度很容易把觀望許久的用戶及與競爭對手成交過的用戶推到店裡來，最終形成購買，甚至長時間的關注。

後按需要把尾款的支付時間安排在雙十一零點之後的任何一個時點，如果安排恰當，不但可以拉動某時段的入場和返場的用戶數量，還可以配合各階段的行銷玩法，拉動某些品類的整體銷售。所以，預售商品尾款支付時間的設置可以直接作用於成交曲線的最終表現。

「預售」除了能帶來上述好處，還能切實幫助商家減少庫存風險。

最早大概是在二〇〇九至二〇一〇年，一些淘寶商家開始在自己店鋪裡使用「預售」的方式。那時沒有特定的交易流程，「預售」只是商家寫在商品描述裡的說明，這麼做主要是為了在換季時讓更多消費者提前看到新品，在正式發售前為新品做好充分預熱。一般被描述為「預售」的商品，商家的發貨時間比普通商品要長，但考慮到大多數消費者並不願意等待，一般最長不會超過三至五天。和預售這種形式尚處於商家自行組織階段不同的是，天貓雙十一期間所組織的預售，從支付訂金、尾款到商家發貨之間的時間間隔較長，最長從十月中旬至雙十一當天，足足一個月。商家透過消費者提前預訂的數量，已經能比較清楚掌握預售商品在雙十一期間的準確銷量，一個月的時間又足夠商家把資訊回饋至商品貨源組織端，或者讓供應鏈進行有針對性的生產，這樣銷量和產量就能實現高度的配對，庫存風險也因而降低到最小範圍。

往年，對於男女裝這類偏重設計、選品需要緊跟潮流的品類，商家為雙十一的備貨就像是在進行一場豪賭，一不小心就會賠進大量的庫存。

二〇一二年，天貓開始使用分期付款的交易流程，一件商品、一筆交易款項可以分兩次甚至多次支付。二〇一三年雙十一，天貓結合了分期付款和預售，使得「預售」有了自己特定的載體，成為一種固定下來的交易方式，同時因為這種交易方式，商家有了提前獲取銷量並藉此影響供應鏈的可操作路徑。因此，預售成了C2B一種最簡單也最典型的表現形式。

如何正確理解C2B

究竟什麼是C2B？也有人把它稱之為C2M（顧客對工廠）。

按照B2B（企業對企業的電子商務模式）、C2C（用戶對用戶的電子商務模式）這類英文縮寫規律，C2B也不難理解，即從消費者的需求出發，推動商業生產和實現，也就是消費者的真實需求是什麼，企業就生產什麼。

具體來講，我們可以從兩個角度理解C2B。

第一種，先明確銷量，再進行生產。前面提到的「預售」就屬於這種。消費者因為商家讓利而願意先支付訂金，商家因而能提前知道消費者的需求量並向供應鏈發出準確的生產需求，供應鏈因為可以進行有針對性的生產而減少庫存風險，整體的生產成本有所降低，從而整個供應鏈的效率也相應提升。雖然售價相對較低，利潤空間卻可能不降反增，所以價值鏈通暢，模式成立。

除了「預售」，還有不少交易方式因為同樣具備提前鎖定銷量的作用，也可以升級為C2B模型，募資、團購、聚划算[2]等都是。

第二種，按照消費者個體的個性化需求進行客製化生產。買衣服時，我們需要的可能是尺寸的不同以及花紋的不同；買鋼筆、錢包時，需要的可能是色彩的不同；買家用電器或數位產品時，需要的可能是某些功能的不同。

既然需求是個性化的，那麼需求和需求之間不但可能千差萬別，而且可能根本不在同一維度上，所以從這個角度來理解C2B，略顯複雜。

我們還是可以嘗試進行歸納。按照個性化需求的達成度，大致可把達成方式分成模組化的客製達成和互動式的客製達成。

二〇一五年，上海一家麥當勞門市出現一台自助式點餐機，每個進入店內用餐的消費者可透過這個點餐機所提供的交互服務，為自己選擇不同的食材搭配，最後吃到一個風味獨特且專屬於自己原創的漢堡。搭配過程有六個步驟，分別是選擇麵包、肉餅、蔬菜、起士、配菜和沾醬，每一步驟都提供幾種不同的選擇，有的步驟為單選，有的步驟為多選，不同的選擇對應疊加成不同的價格。

這就是一種非常典型的模組式客製化。選擇麵包、肉餅、蔬菜、起士等六個步驟以及每個步驟中麥當勞提供的選項，就是所謂的模組，消費者透過不同的模組組合來選擇自己喜歡的口味，對麥當勞的廚房來說，只要分別準備好這些模塊，在消費者下單時刻進行組裝即可。

據說，海爾是較早實現這種模組化客製的家電品牌。今天，我們能透過海爾商城對海爾空調、電視、冰箱、空氣清淨機等家電的尺寸大小、外觀顏色圖案、板材及某些硬體參數進行線上選擇，海爾生產線的末端會根據消費者提出的需求來進行部件組裝，從而實現一定程度的個性化客製。

比模組化客製更深入一層，就是消費者參與到需求實現過程中的互動式個性化客製了。比如，有些家具品牌所提供的客製服務，需要消費者明確人口組成、尺寸、風格、功能等多方面的需求，並和消費者進行多次溝通，讓消費者深度參與一件家具的設計過程，最終形成的產品也就成為專屬於某位消費者的獨立庫存單位（SKU，可以理解成「單款單色單碼」）。

我對有消費者深度參與的互動式客製形式，到目前為止是否已出現比較成形並能進行複製的模式，仍持保留態度（當然很有可能是我孤陋寡聞）。這種形式要被有效地穩定下來，至少必須解決兩個非常艱難的問題。第一，高度個性化意謂著個性化客製和規模化生產很難平衡，或者說個性化客製很難借助現代工業生產流程來實現。我們所見過的大多數高度個性化客製都是由人工完成，比如高級禮服、高級婚紗的客製；或是透過

2 聚划算是阿里巴巴旗下的團購網站，對於台灣用戶還增設了一個專屬的團購區，可將商品包裹直送台灣。

大量的人為組織來實現，比如裝潢時客製一套家具，基本上不是由木匠師傅親手製作，就是由設計師組織採購、部分找師傅進行改造後實現。能透過工業化生產及自動化流程得以實現的十分少見。另一個問題則是消費者需求的確認過程，一般來說，需求愈是個性化，確認的過程就愈需要溝通，而且很多溝通可能沒法經由線上的範本化方式進行，必須透過面對面的交流來實現。倘若如此，互聯網在其中發揮的作用其實並不大，即使是在所謂的虛擬現實得以實現的明天，互聯網在其中發揮的作用也無非是通訊價值，所謂「C2B的模式化效應」依然體現得不那麼明顯。

C2B的挑戰

隨著互聯網從僅僅作為資訊傳遞的媒介，逐漸深入我們生活和生產的核心，C2B的實現是可能的。但有鑑於上述的討論，高度個性化的實現不在我們以下所討論的範圍內。因為高度個性化更重視的是「個性」的實現，然而互聯網主要解決的是效率問題，也許技術的再進步可以彌補高度個性化和效率實現之間的矛盾，但現在我們暫且不提。

從目前的發展狀況來看，我們可以總結出，C2B模式的實現大致需要這些必要條件，而這些必要條件可能通用於各個行業與領域。

在整個C2B鏈條當中，除了作為起點的消費者，還應包括三個角色的參與。

第一個當然是零售商。這裡所說的零售商並不單純指在網路開店的商家，而是所有借助於互聯網手段和消費者直接溝通、互動並進行銷售的商業體。比如前面提到的麥當勞門市，它透過一台自助式點餐機和消費者進行互動，扮演了零售商的角色。零售商需要實現銷售之外很重要的一項功能，就是在銷售過程中回收資料並整理和分析，對供應鏈反向提出需求。試想，假設麥當勞的點餐機經過一段時間的運行，發現其中一款麵包幾乎沒有人選，那麼麥當勞門市可能就會考慮研發另一款麵包來替換。

第二個角色是設計師。或許目前每個行業的設計師要做的事情不盡相同，這裡所說的設計師主要完成兩件事情：挑選原材料和設計產品。設計師的主要職責是透過資料分析來洞察和發現消費者的內在需求，或者說整合一部分（或大多數）消費者的需求，然後用自己的專業技能在產品設計過程中把消費者的需求表達出來，並保證消費者的需求能在其使用過程中得以實現。之所以存在設計師這個角色，是因為消費者的需求還是會存在某些共性，當個體之間的個性化表現得愈來愈突出時，共性需求就愈需要有專業的人來進行洞悉和挖掘。另外，即使是一些比較個性化的需求，僅依靠消費者本身的能力，也很難較為恰當地透過一件產品來實現。

第三個角色當然是供應鏈，而且使C2B模式得以實現的關鍵就是供應鏈。比起以往，C2B對供應鏈提出的最大挑戰主要是兩方面：一是技術革新的能力，另一個是整個鏈條柔性應對需求的能力。因為需求端的個性化程度提高之後，需求隨時更新，技術上所要面對的問題也就隨時可能是新的，這就要求供應鏈技術革新的週期要大大快過以

> 一般來說，需求愈是個性化，確認的過程就愈需要溝通，
> 必須透過面對面的交流來實現。

前。柔性，其實就是供應鏈要有能力進行小量生產，或者說要有能力把小量的生產成本降到最低。

供應鏈表現柔性能力，至少要達成五項關鍵技術：第一，達成企業內部及跨企業的系統整合，要能夠根據資料傳輸整合跨企業的生產資料，並做到生產能力的跨企業調度，這也是達成從供應商到客戶、從管理層到生產線全自動化的先決條件；第二，工業物聯網，這是實現生產網路內各生產主體之間自動化鏈結的基礎，能實現各方的多向溝通；第三，模擬技術，在智慧系統的基礎上，實現資料的即時同步和優化；第四，雲端運算，在對應市場資料、庫存資料並且整合生產資料的過程中，在一個相對開放的系統下對龐大的資料量進行儲存和管理的技術，可使生產系統進行即時的溝通和交互；第五，資料分析，以一個生產企業或一條生產供應鏈來說，資料含量還不能稱之為「大數據」，但也涉及多個資料源不同資料系統之間的整合分析評估，這些資料源可能包括企業資源規畫（ERP）、供應鏈管理（SCM）、製造執行系統（MES）、客戶管理系統（CRM）以及來自設備本身的資料，資料分析還包括產出一套適用於本供應鏈不斷進行自身優化的決策模型。

我們可以看到，柔性對供應鏈提出的要求，實際上就是用資訊技術提升供應鏈各生產模組之間的協同能力。

工業4.0和C2B是什麼關係

當然，有很多人對這個問題是不感到疑惑的。但我覺得有必要做一下解釋，因為明白這兩者的關係，或許能幫助我們更加理解互聯網是以一種什麼樣的姿態影響製造業。

C2B是互聯網時代的商業模式，是相對於過去以廠商為中心形成的商業模式來定義，而工業4.0是C2B在實物商品供應鏈側的具體表達。

C2B是指在這種模式中占主導和核心地位的用戶，即一般用戶。這種模式不僅可應用在實物商品領域，還廣泛應用於商業社會的所有方面，比如知識分享。以前知識分享的鏈條基本上都是內容產生者向一般受眾的單向表達，無論是教育途徑、圖書出版途徑或媒體途徑，都是以知識持有者為主導，由單向表達的方式來完成。二〇一六年，果殼網的分支業務「分答」和知乎的分支業務「值乎」上線，用戶可以公開發問，也可直接對另一個用戶發問，問題會被系統進行配對，回答問題以語音進行，配對到可能具備相關知識的其他用戶，如果有人回答，問題和答案會被分享出來，別的用戶也能看到，當用戶想要收聽時，就需要按照事先設定的價格進行收聽付費，最初提問的用戶可獲得少量付費分紅。這就是一種以用戶的知識需求出發的C2B。

工業4.0，顧名思義，僅應用於工業領域。當然，工業4.0在內涵上與C2B有些相似。前三次工業革命都是在生產線裡發生的革命，主要結果是提高生產效率。美國辛辛那提大學李傑教授在最新出版的《工業大數據》中對工業4.0提供了精準的定義，他認為工業4.0的革命性在於：不再以製造端的生產力需求為起點，而是將用戶端價值作為整個產業鏈的出發點，改變以往工業價值鏈從生產端向消費端、上游向下游推動的模式，直接從用戶端的價值需求出發，提供客製化的產品和服務，並以此作為整個產業鏈的共同目標，使整個產業鏈的各個環節實現協同優化。我們可以看到，這和C2B的精神核心一致。

工業4.0可以幫助C2B落實在實體商品的供應鏈側。

如前面所說的，C2B的關鍵是用戶定義價值，配合個性化的零售配對方式，然後配合能滿足個性化需求的柔性化生產。如果製造業沒有在一定程度上實現工業4.0，那麼柔性化生產將難以實現，C2B也很難實現。

前面說過，供應鏈達到柔性能力，至少需要一些關鍵性的技術，而這些關鍵技術基本上可以歸納為「智慧製造」。在中國製造業接下來的發展過程中，C2B或許可以引導工業4.0的具體實現形式。

曾在網路文章中看到，中國的製造業有百分之九十九都是中小企業，它們沒有扎實的工業3.0和工業2.0基礎，不要說MES、PLM（即產品生命週期管理，是一種可以支援產品全生命週期的資訊創建、管理、分發和應用的一系列應用），即使最基本的ERP也不是人人都有。相較而言，德國工業4.0和美國工業互聯網分別是由兩國頂尖製造企業、也就是超大型企業發起的：德國是西門子，美國是奇異公司。德國人更關注生產過程的智慧化，而美國人則強調智慧產品和智慧服務。兩者的實現都有很高的技術和設備要求。

我們確實和從工業發達國家傳來的工業4.0之間存在差距，但是就像互聯網傳到中國之後發展出自己的形態、電商行業在中國一枝獨秀一樣，工業4.0在中國可能也是有自己的形態和路徑。這裡就會和C2B產生比較直接的關聯。

C2B在中國的實現有很多創新做法，中國的巨型電商平台幫助C2B在市場端有了強有力的落實網絡，在生產端則需要實現低成本的柔性化生產解決方案。

在此以一個案例來說明。

早年，浙江桐鄉形成了完整的羊毛針織市場體系，從毛紗原料、針織機械、技術開發、物流檢測、外貿服務到人力資源、配套設施，可說是功能齊全。這裡聚集了五千多家羊毛衣企業，構成完整的羊毛針織產業鏈。根據不完全統計，二〇〇七年，僅桐鄉的羊毛衣成品銷售就達二十多萬噸，成交額突破兩百億元人民幣，穩居中國最大的羊毛衣集散中心和中國羊毛衣資訊中心的地位。

有一家叫做夢想工坊的公司，在這個產業集群基礎上發展出來一種新模式，它們搭建了一個設計師平台，設計師或各種提供款式的人把自己所設計及所需要的款式，用產品草圖的形式上傳到平台，再透過雲端服務將之轉換為清晰可見的實物模型，以圖片（包含細節圖）的形式展現在平台上，買家、個人店主、各種零售終端需求方可在其中

> C2B的關鍵是用戶定義價值，配合個性化的零售配對方式，然後配合能滿足個性化需求的柔性化生產。

挑選自己認為適合銷售的款式，確認自己需要的件數，然後下單。平台接收到來自買方的訂單需求後，再轉換成生產需求和技術語言。平台的另一端連接著桐鄉當地產業群集中的各個針織生產單位，所以系統能及時找到當下閒置且技術條件合適的生產單位，生產需求和技術語言能及時傳遞到各個生產單位，然後實現快速的柔性生產。和其他類別的服裝相比，針織這個品類的生產過程可以更加靈活，所以能實現的柔性程度也較高，最小生產量可以小到一件，最短的周轉期可縮短為三至七天。

在這個案例中，平台前端配對的其實是由各種零售終端需求方帶來的消費者需求，由這些需求觸發了生產鏈條的起始點，再經由一定的柔性系統支援，以一個中小企業群集作為支撐，最終實現了C2B的整個過程。

從上面這個例子可以看到，在C2B的帶動和催化下，工業4.0說不定能走出一條「有中國特色」的道路，而不需要硬生生地跨越因為在工業2.0、工業3.0時代的落後而產生的鴻溝。在《工業大數據》作者李傑教授的「煎蛋模型」中，蛋黃是製造部分，蛋白是服務部分。作者認為，蛋黃並不是核心競爭力，而在蛋白部分，大家沒有明顯差距。中國的優勢在於有巨大的市場空間、豐富的使用場景、海量的應用資料，而歐美都沒有這些資料。透過製造服務轉型反向可以彌補原本薄弱的環節，這或許將為中國提供一個彎道超車的機會。

爆款的新玩法

最早聽到「爆款」一詞，是在淘寶大學的各種課堂上，電商朋友們把單件單月銷量很高的商品叫做爆款。

二〇〇八年，天貓上線的同一年，阿里巴巴還發生另一件非常重要的事，原來的雅虎直通車[3]團隊併入淘寶，正式更名為淘寶直通車，淘寶開始了收費廣告業務，即搜尋關鍵詞競價排名。自此以後，淘寶（包括天貓）搜尋結果頁的右側便會出現幾個由競價排名決定展現機率和順序的廣告位置，商家們自此走上與「關鍵字」纏鬥不休、愛恨交織的道路。

二〇〇九年，淘寶直通車已經普及到淘寶、天貓各個行業品類，關鍵字的價格開始升高。但更具有代表性意義的是，當年從直通車的廣告位裡誕生了第一批「爆款」。

鎖定低價和「看起來不錯」的商品

當年這些爆款大概是這麼產生的。首先，幾乎每個「爆款」都擁有非常高的成交轉換率，即在所有瀏覽過這個商品的人當中，有較多人最終選擇了購買。當時，這個轉換

3 雅虎直通車是專為淘寶的使用者設計的一種推廣工具，方便淘寶的賣家可以在淘寶和雅虎兩個網站搜尋並推廣自己的商品。

> 幾乎每個「爆款」都擁有非常高的成交轉換率，即在所有瀏覽過這個商品的人當中，有較多人最終選擇了購買。

率的高低取決於這款商品是否符合當下的審美傾向，是否有突出的外在表現可被消費者快速辨識，以及有無一定數量的成交紀錄作為背書。那時，淘寶、天貓的信用機制建設尚不完整，消費者很難借助其他資訊判斷一款商品和一個商家的可信度，只能透過既往的銷量去判斷這款商品的品質。所以，被挑選出來進入「爆款」預備行列的商品必須已有一定的銷量，如果三十天內的銷量不能凸顯優勢，商家就要把過去的銷量做成圖片展示在寶貝詳情頁裡，以便一般消費者能夠一目了然。當然，就服裝、飾品等品類來看，成交紀錄還意謂著給消費者的一個集體暗示：「這可能就是現在最流行的喔！」這樣就會有更多買家在這些商品下單，買家會引來買家，下單會激發下單。

「爆款」的另一個組成元素是價格。早期在大家對網購還不是那麼熟悉時，更多人傾向於在網上購買單價較低的商品，因為風險小，機會成本也小。另外，當時淘寶、天貓站內確實存在很多同質化商品，尤其在進行關鍵字搜尋之後，網頁經常出現很多同款商品，消費者當然傾向於選擇價格低的那個。

在用「看起來不錯」和低價格保證了一定的轉換率之後，就要保障商品在消費者面前能獲得較大機率的展現，大瀏覽量乘以高轉換率，幾乎就可以確保高成交量，從而產生爆款。

對照在搜尋結果頁面正中央占主導位置的自然搜尋結果，直通車競價排名的展現機會更具確定性、更有量的保證。[4]所以，在為商品尋找流量來源時，商家除了要找到能對這些商品進行描述的關鍵字，把它們放在商品標題中，還要去淘寶直通車對這些關鍵字進行出價，以保證消費者在搜尋這一關鍵字時能看見自己的商品。在尋找和確定關鍵字作為出價物件時，要注意，關鍵字必須直接對應、關聯到打造爆款的目標商品，也就是把店鋪花錢買來的流量全力以赴地引流到爆款商品頁面進行轉換。然後，要保證這些關鍵字並不是在直通車關鍵字詞庫中最熱門、價格最高的，而是那些流量大、價格相對低、轉換率較高也就是成本效益較高的關鍵字。關鍵字要時常調整，一天之內可能要調整多次，這樣才能用最合適的流量成本買到成本效益最高的流量，才能保證任何時候只要消費者搜尋相關關鍵字，商品至少會出現在最前面的三頁之內。

那時確實有些人用這樣的方法打造出幾批爆款，也在短時間內賺到了錢。但同時，當時在內部的我們也知道，就在這些爆款當中有不少是真正的「質次價廉」，有的僅僅是外觀有些吸引人、價格有些吸引力，買到之後會發現，其實和想像的不是一回事，有的品質不過關，有的甚至不堪檢視。印象中，有個非常經典的爆款是一件冬天的女性鋪棉外套，從照片上看是中長款風衣的款式，外層是厚實的布料，領口、袖口處布滿了羊羔毛，讓人誤以為整件衣服的裡布應該全是羊羔毛。但很多買家在收到貨品之後發現，

4 賣家先在「淘寶直通車」裡購買與自己的產品相關的關鍵詞，然後「直通車」就會免費露出相關賣家的廣告，只要消費者點擊廣告，瀏覽賣家的店鋪，不管消費者有沒有交易，賣家都要支付廣告費用。

“關鍵字必須直接對應、關聯到打造爆款的目標商品，也就是把流量全力以赴地引流到爆款商品頁面進行轉換。”

其實只有領口和袖口有羊羔毛，衣服裡面只有普通的內襯，完全不見羊羔毛的蹤影。這樣的商品當然會引發大量退貨，但因為從下單到收貨再到退貨往往隔了十幾天，所以還是會有不少買家衝著成交量興沖沖付了錢。

當然並不是每個爆款都質次價廉。但對商家來說，要打造爆款需要付出相當的推廣費用，即買流量的費用，同時商品價格不能太高，否則買來的流量不能有效轉換，推廣費用付諸東流。所以，很多商家在選擇爆款時，都會選擇那些外觀看起來不錯、又能控制供應鏈成本的商品，單件成本低才能保證在價格也低的情況下，賣出去還能賺錢，否則爆款的銷量愈高，商家虧損愈多。

直到現在，在百度百科裡搜尋「爆款」，其給出的解答仍然是上述意思，就連給出的「打造爆款的方式」也仍然不外乎以上這些。不得不說，如果環境和玩法沒有變化，那麼這種爆款產生和消費的過程以及結果，對商家和消費者都會形成傷害。這種爆款雖然價格低，但價值也低，商家們要嘛賠本賺知名度，要嘛在賺到錢之後永遠失去消費者的信賴。

追求高成本效益的爆款

但實際上，一切已經變得不一樣，尤其在天貓，如今的市場環境和之前有著非常大的區別。

在天貓店中，「同款」變得愈來愈少。前幾年，阿里巴巴在淘寶、天貓搜尋結果頁面做過「合併同款」的動作，即把不同商家賣的相同商品，展現在搜尋結果頁的同一個位置，這麼做也促使商家開始在商品差異化的方向上多動腦筋、多做努力。同樣的商品變少之後，僅僅價格一個因素的對比就能直接影響購買決策的可能性在變小，除了價格，其他能影響消費者購買決策的因素所起的作用在被放大變強。在天貓店中，確定性程度不斷加大。

天貓近幾年一直努力傳達給消費者確定的購物體驗，一方面，各種品牌入駐天貓，天貓也愈來愈傾向於知名品牌和大品牌。二〇一五年年初，天貓調整了品牌招商規則，在化妝品、珠寶配飾、家用電器、鞋類箱包、3C數位、保健品及醫藥、食品等十三大類中，對商家的申請條件、註冊時限、註冊資本和註冊商標都加以限制，提高了門檻，而化妝品、服飾、鞋類箱包、運動戶外這四大類則只開放給品牌擁有者和單品牌代理商。這些規則的調整意謂著天貓愈發傾向於透過引入品牌，即在消費環境方面向平台消費者提供更具確定性品質保證的商品。另外，整個市場經過多年的建設，信用機制更加完善，不僅有成交紀錄和評價展現，還公開商家的售後服務資訊、商家繳納保證金數量，使消費者無論對新商家還是老商家以及某款商品本身是否有過往成交保證，都不再像以前那麼在意。

與此同時，流量變得愈來愈貴。直通車關鍵字單價愈來愈高，要在自然搜尋結果中取得穩定的優勢位置也愈來愈難，透過淘寶、天貓站內一些收費資源或達人、社區類內容推薦來獲取新用戶的成本也不小。當然，從站外透過商業廣告招徠客戶，比在站內招徠新用戶更困難。於是，商家開始在老客戶身上動腦筋。商家逐漸意識到，原來的爆款模式，商家和消費者之間的關係所經歷的過程大概是這樣的：透過購買大流量盡量多吸引消費者的注意力，透過低價和漂亮的成交紀錄促使消費者快速形成購買，但不注重消費者的購物體驗及產品體驗，最終可能形成一次性購買，消費者一去再也不回頭。而現在，從建立認識到產生購買的環節變長了，節奏變慢了，消費者在網上購物不再只圖新鮮好玩，而是更加理性，更注重品牌背書和信用保證。這時商家和消費者的互動過程變成建立認知、產生興趣、發生購買，最後培養忠誠，因為只有真正建立起一定的品牌忠誠度，才能在整個互動過程的最後環節建立有效的迴圈，才能最大程度挖掘老客戶潛力，既能鞏固核心用戶，又能降低引流的整體成本。

或許熟悉傳統零售的人會說，線下零售一直都在這麼做啊，這沒有什麼稀奇。是的，在網路零售出現用戶紅利的時候，爆款也是其中一項附屬衍生品。但當流量增長趨於穩定時，無論是線上零售還是線下零售都會回歸到商業的本質，也就是誰提供的價值愈大，誰在市場中所占的主導權就會愈大。

如今的天貓市場已經不是誰會玩流量就能獲得消費者的青睞，也不是誰的價格低就能賣出東西、賺到錢。網路資訊傳播的速度和涵蓋面要比傳統管道快速、精準，這點已經不需要再強調，所以做出爆款還是有可能的事。只不過在愈來愈接近商業本質的今天，爆款的核心絕對不會再是虛有其表和價格便宜。那麼會是什麼？其實答案剛剛已經說了，就是高價值、高成本效益，或者更準確地說，就是可以準確地為某類人群提供高價值、高成本效益。

在後面的章節中，還會針對在雙十一賣得特別好、每年雙十一都被一搶而空的爆款進行專門分析，以揭示其內部的結構和成因。這裡不再拿雙十一為例，就舉一個因「互聯網思維」而獲得成功的典型案例——「褚橙」。

核心價值和精準行銷

大約在二〇一三年，辦公室裡忽然興起了買柳丁的風潮，很多同事一箱一箱地從快遞大哥手裡接到包裝得嚴嚴實實的柳丁，在辦公室一打開，附近同事都能聞到甜橙的香味，然後分給大家嘗幾個，立刻就又有好幾人上網購買了這種橙，後來我們知道它叫「褚橙」，種植它的老頭還頗有故事。

很多人把褚橙的成功歸結於行銷，以致後來很多人模仿褚橙發表過文章、公關稿，紛紛講起創始人的故事，但後來的幾個案例都沒有像褚橙那麼成功。個人認為，最重要的原因還是產品的核心價值。褚橙真的夠甜，品質真的夠好。

剛才提到，我們也是因為身邊同事買了褚橙，親身體會到香氣和口感之後才買的。

> 只有真正建立起一定的品牌忠誠度，才能在整個互動過程的最後環節建立有效的迴圈，才能鞏固核心用戶。

和市面上別的柳丁相較，褚橙在品質上有足夠突出的味道、口感以及每次買每次都好吃的確定性保證，這才使得大家一而再、再而三地購買，甚至見到市面上其他柳丁，也會不自主地想到褚橙，只要有可能，都會選擇購買褚橙而不是其他柳丁。也正因為如此，才會讓很多人自願向家人、朋友、身邊的人推薦褚橙。

農業的種植技巧我不是太懂，不清楚褚橙在種植和產地上有何特別，以及種植者褚時健如何保證它各方面的品質有恆定的表現。我們可以把這部分比做工業商品品牌的核心能力，即一個品牌的商品本身在這個市場的價值是否突出，輸出高價值的能力是否長期、穩定。這和對品牌核心價值的把握有關，也和供應鏈的整合與控制能力有關。

褚橙的成功行銷發揮了很重要的作用，而我認為之所以能夠發揮很好的作用，除了褚時健本身的故事之外，恐怕還有一個很關鍵的原因，就是在行銷過程中實現了人群的精準配對。

褚橙的價格比一般柳丁高，所以它主打的人群一定不是每天在菜市場和攤販錙銖必較的菜藍族，而是每天坐在辦公室、可能不知道菜市場柳丁一斤多少錢、對生活有一定要求的年輕白領族。因為他們是網路的重要用戶，所以褚橙選擇用網路的方式來行銷，其實是非常明智的選擇。而且褚橙選擇了種植者褚時健看來命運多舛、結局卻十分勵志的故事，擺在每天工作壓力大的白領面前，等於是在告訴他們：你這點壓力算什麼？看看人家經歷的磨難，只要不放棄，也可以變得很了不起。這些人當然會喜歡這樣的故事，變得了不起可是他們長年被圍在辦公室隔板裡所剩不多的夢啊。

在選擇宣傳路徑時，褚橙也是成功的，它選擇了先攻破王石、潘石屹、韓寒等商業大咖或意見領袖，由他們來引爆宣傳，蔚成時尚，點石成金，京滬橙貴。畢竟，這些人都是格板裡的小白領們所仰望的對象。

我想，褚橙這個案例應該具有代表性，它非常清楚地解釋了當下要打造爆款須做到最重要的兩件事情：一個是提供強而有力的核心價值，另一個就是進行精準行銷。

打造爆款就是做品牌

在我寫這本書的過程中，一直對「電商」這個潛在讀者群體充滿愧疚，因為我發現自己並沒有向這個可能最關心本書的人群提供什麼直接、有用的資訊，直到反覆推敲，我發現還是有必要把引流和打造品牌也放進來談論時，因為這可能是本書專門提供電商朋友們最誠懇的建議。

一部分建議如上面所說，如果想要打造爆款，不要僅僅關注引流的多寡，還要關心引流的精準度，找對人群，用適合這個人群的方式去打動他們，才是實實在在的做法。中間有可能需要借助一些內容，但不同的人群需要不同類型和表現形式的內容，所以必須先找到人群。如果想要打造爆款，千萬不要想著價格低就可以了，還要有強大的供應鏈提供高品質的商品，否則即使賺了錢，也很容易砸了招牌。

> 要打造爆款須做到最重要的兩件事情：一個是提供強而有力的核心價值，另一個就是進行精準行銷。

另一部分的建議就是，雙十一可說是打造爆款的絕佳機會。在大流量湧入時，用精準行銷的方式去找到精準的人群，成功機率要比平常大出很多倍，所付出的行銷費用成本及時間成本都比平常小很多倍。再者，雙十一可說是爆款核心競爭力的檢驗聖地，我們所打造的爆款核心價值愈大，它能伴隨雙十一走過的年份就愈多，如果它的核心價值不大，即使它能爆，也可能只是曇花一現。

最後一個建議也是非常關鍵的一個。雙十一的時候做銷量，除了雙十一的時間，我們要做的是「品牌」。如果從網路店鋪的營運來說，在雙十一最恰當的做法就是拿出最有價值、能涵蓋到最廣人群的商品，盡可能把它賣出去，在大流量中，盡可能獲得在更多消費者面前展現的機會，並透過雙十一的一次銷售，讓更多消費者認識品牌。

除了雙十一，其他時間應該去關注和啟動老客戶，讓他們在反覆回到店鋪的過程中逐漸培養起對品牌的忠誠度。所有在平時培養起來的老客戶，都會是當年雙十一第一波衝到店裡搶購的先發客戶，也是激發更多流量所需要的種子用戶。雙十一引來的新客戶在平時轉換為老客戶，平時的老客戶又會在雙十一成為店鋪銷量的保證和基石，唯有做到這一點，才能形成正向的優質迴圈。

下面是一則來自小狗電器的案例，附上我的評論，或者可供大家參考，從中獲取到有用的資訊。

企業案例二：小狗電器七步驟玩轉雙十一

每年雙十一都是全網用戶的饕餮盛宴，各個品牌方無不拿出看家本領，使盡渾身解數來贏得用戶「芳心」。

至二〇一五年，小狗電器已經參與了五次雙十一，每年雙十一的主題、玩法、互動都不盡相同，但為尋求用戶的極致體驗是一致的。從公司玩雙十一的角度來說，我們是透過七個步驟來打造屬於小狗電器的雙十一狂歡節：

第一步，占山為王——設定雙十一獨立目標

雙十一是全年最興奮的一天，雖然只有二十四小時，但其威力不亞於平常一個月的銷售力量，做得好的品牌能實現一季的銷量爆發。所以必須為雙十一設定一個相對偏高、但又可以全力以赴去實現的目標。

在目標設定過程中，要注意兩點：

一、目標必須能讓團隊興奮，跳起來可以摸到。

不能過低，不然無法充分運用好雙十一的資源及各自入口；也不能過高，不然就失去目標應有的引導作用，團隊失去知覺，自己開始懷疑自己。所以目標設定在電商雙十一的當下，儼然是個心理學範疇做的事。雙十一當天二十四小時的能量，相當於平常一至兩個月的銷售能量總和。

關鍵點：目標的設定對電商來說尤為重要，小狗電器在案例中已經非常生動地指出目標對團隊的作用和意義，對平時的業務和像雙十一這樣大型活動的執行所產生的作用也是至關重要。可以說，電商業務的各個環節都將圍繞著這個「目標」展開，包括選品（本案例中小狗電器所說的「貨品規畫」）、行銷活動玩法、廣告、發貨配送服務安排以及售後策略等。目標一旦失準，各個環節執行下來很容易將決策的小失誤放大。而目標是否準確，主要取決於決策團隊對整個電商大盤資料及自身品牌、店鋪資料的敏感度和掌控力。

二、目標必須可以分解，分解到各個具體的店鋪，責任到人。

分目標、領任務，必須做到一個蘿蔔一個坑。除了公司設定的總目標，必須為每個小組分解各自的實際目標，讓各自對症下藥。

如果是為了配合後面的團隊激勵，也可以把目標設置為三個層次：基本目標、挑戰目標、激情目標。所謂基本目標，就是抬腳能夠達到的目標；挑戰目標就是助跑起跳往上摸才能達到的目標；激情目標為使勁助跑、使勁往上跳、使勁往上摸，有些吃力未必能達到的目標，但是能激發團隊的戰鬥熱情和勝利渴望。三個層次的目標所配對的激勵機制也不同，一層層提高，逐步激發團隊的潛能，全力以赴做好雙十一。

第二步，招兵買馬——搭建雙十一專屬團隊

有了目標，就需要有能實現目標的團隊。雙十一是一個全員參與的項目，必須在團隊建設的過程中打破原有格局和部門本位，使組織結構能夠橫向聯合、統一指揮。為此，一般在組建雙十一專屬團隊時，需注意以下事項：

一、確定總指揮人選。必須選出一個能夠整合公司內外所有資源的人，他是此次雙十一的資源集大成者，擁有足夠的決策權。小公司基本上由老闆擔當，投資效益高，回收快。大一點的公司必須由營運部帶頭，一般由營運負責人擔當重任，因為這個人向上能獲取公司的一切資源，向下能夠調動所有人。

二、分批擴大隊伍。雙十一是全公司過年，雖然最後是全員參與，但在雙十一前中後期會涉及把隊伍逐步拉進團隊的過程。比如前期主要是雙十一的目標分解、營運資源談判、品牌行銷策畫、主視覺的構建等，只需要前端部門有序開展推進。然後，逐步加入客服和物流團隊等，最後是後勤部門。

三、分工權責明晰。每一個階段的隊伍負責的工作方向是不同的，雙十一大軍也是由各個旅、團、營所構成，各職能模組有各自的分工，既獨立運作又互相協作支持。

四、建立一支開心隊伍。雙十一時間緊、任務重，每個團隊和員工都頂著壓力前行，如果心態出現問題、變得愈來愈不開心，那麼隊伍就不容易帶領。團隊的企業文化建設必須跑在最前面，大家共同把雙十一打造成歡樂海洋。

第三步，貨品規畫——為雙十一備好子彈

貨品是命脈，它是實現目標的子彈，必須排好兵、布好陣。市場競爭、會場設置、官方玩法，每一個環節都很重要。要根據「二八原則」分配貨品的結構，哪些是薄利多銷款，拉升成交業績；哪些是形象款，拉升品牌調性；哪些是戰略虧損款，吸引流量等。

要根據雙十一的戰鬥目標、品牌定位和平台方會場的資源來分配、設定整盤貨的走向安排。這部分工作一方面需要大量資料來支撐，並進行分析總結；另一方面也需要行業經驗的直觀判斷。關於貨品的規畫，總結一句話就是：理性分析，感性判斷。小狗電器屬於家電產品，物料採購週期和生產週期均很長，產能拉升速度相

對不快，增加了備戰的難度，這就更要求團隊提前、提前再提前。

關鍵點：請大家注意小狗電器在這裡提到的貨品結構，在這個案例中，小狗電器毫不吝嗇地指明了它們在安排貨品結構時是規畫了幾種不同類型的單品，有的用來提升品牌形象，有的用來拉動成交額，有的用來吸引流量。這個規畫工作不僅在雙十一很需要，平常也很需要。至於具體選擇什麼樣的單品，和平台的規則、所處的品類以及品牌自身的特點有關係。小狗電器在此所說的「戰略虧損款」，和我在第一章第三十七頁「低價及其商業邏輯」中所提到的以有價值的低價作為流量入口，基本上是同一個意思，或者我們可以更貼切地稱之為「戰術性虧損款」。無論如何，它的作用是讓消費者能跨過較低的門檻對品牌形成認知，並在店鋪中開始他們的購買軌跡。

第四步，三軍未動，糧草先行——資源保障工作

在目標、人和貨品都確定後，就必須把資源拿下。

從平台方入手，主要是會場資源：主／分會場、個人電腦／無線會場等，會場資源是有限的，必須用最優的體驗、最好的方案來贏得相對應的位置。

從自身入手主要是後勤保障，特別是雙十一當天只剩下賣貨和發貨兩個大組。

比如說，為了用戶的體驗，讓他們盡早收到貨品，小狗鐵軍能把雙十一當天的所有訂單在二十四小時內全部發完。二〇一五年僅雙十一當天，小狗軍團就發掉近十五萬份訂單。平均單品淨重七至九公斤。在菜鳥尚未成熟的過程中，所有的貨品是從北京倉庫中心發出，面向全球近八十個國家。這些年，雙十一的物流發貨都是由小狗團隊自行完成，發貨的速度和準確性堪稱業內奇蹟。二〇一六年天貓雙十一，已經開始全面要求使用菜鳥聯盟體系，從某種程度上緩解了小狗電器自身的發貨壓力，同時可以達成五十個以上城市的次日送達服務。

第五步，團隊激勵——麵包和奶油都有

有了以上的準備，為了玩轉雙十一，這個環節必不可少。如何在強大的目標壓力下讓團隊成員熱情澎湃，為團隊榮譽、企業江湖地位而戰，這就需要團隊激勵。

關於此部分的玩法，要做好以下幾點：

一、激勵要對症下藥，不可眉毛鬍子一把抓。

二、激勵要看得見摸得著。激勵不是畫餅，而是要解決問題。

三、激勵要物質和精神文明同步抓，長期短期相結合，務實務虛要相輝映。

四、相信榜樣的力量。這部分往往可以發揮以點帶面的作用。

五、高度統一所有團隊成員的團隊價值觀。

雙十一必須在目標的牽引下，實施投資效益高、回收快和長期穩定向前發展的目標激勵。每年雙十一，小狗軍團在團隊激勵方面都絞盡腦汁、創意不斷，目的就是為了激發出一個充滿挑戰並快樂的小狗軍團。

第六步，防患於未然——風險控制

很多商家並沒有意識到要做這部分，這和商家本身的風險特徵極為相關；風險敏感型的商家更願意做這樣或那樣的風險防範。愈是大的目標，愈是需要風險防範，以防萬一。

比如說，關於供電系統，電商必須確保電源不斷電等。除了主線供電體系，還要有輔助電器工具等待隨時上線。

關鍵點：小狗電器的風險意識是非常值得讚賞的，此處的例子非常樸實，但非常有用，細微之處很容易讓人忽略，阿里巴巴在每年的雙十一期間也要將大量的人力物力用於系統保障上。同時，風險管控還應該體現在策略執行上，比如庫存風險、售後風險等。在這些方面做風險預判和策略制訂，就需要大家對資料進行全面的分析、理解和掌握。

第七步，雄關漫道從頭越——總結分享

回顧、分析所有的環節，嚴格地總結不足，批評與自我批評，改善方法，為下一步戰鬥和後來的團隊成員留下一筆價值不菲的知識財富。

Chapter 4

雙十一的未來

電商一來，為中國消費者帶來前所未有的消費體驗，把目光再次投向中國以外的地方，不難發現這個世界的其他很多地方既沒有電商，實體商業基礎設施也較為落後。如果把目標瞄準在那些地方，一旦電商進入，就可能重複上演當年中國電商紅利引發的商業奇蹟！

大家消費品終將成為這片戰場的贏家

二〇一五年的雙十一，Uniqlo 又一次成為銷售額第一個破億的單店，而最終的全品類銷售冠軍則被小米拿下。

這兩個品牌、兩個商家分處於完全不同的品類，大概很少有人會將它們放在一起比較，但既然它們都能在雙十一取得連續不敗的成績，就應該有著某種共同的特質，或者使用了某些相似的方法。也許我們透過對比兩家的共同性，可以找到在雙十一當中制勝的方法，或許還可以看到天貓平台未來的發展路徑，以及雙十一未來的某些可能性。

二〇一五年雙十一兩大天王

二〇一五年十一月十一日零時兩分三十五秒，Uniqlo 天貓旗艦店銷售額破億，成為最快破億的單店，最終的銷售額突破六億元，衛冕雙十一服飾類銷售冠軍。同時，在所有品類的排名中，從前一年的第五名上升至第四名。

而小米的紅米 Note 2 型手機成為天貓銷量第一的手機類單品，小米平板成為銷量第一的平板電腦類產品，小米手環光感版則獲得智慧設備類單品銷量第一的好成績。小米天貓旗艦店銷售額達十二億五千四百萬，依舊衛冕全品類銷售排名冠軍。

小米做的是數位硬體設備，手機、平板電腦以及近幾年拓展的智慧設備和小家電，我們把這類商品叫做標品，也就是規格化的產品，有明確的型號，每個型號對應一套明確的參數。通常標品的價格浮動範圍較小，不同消費者對於產品的預期不會存在很大差異，產品到達消費者手中對消費者形成的交易回報，也具有相對較高的確定性。

Uniqlo 做的服裝則是最為非標的品類，雖然每款衣服都有批號代碼，但衣服的每一項參數幾乎都無法規格化，無法用參數來描述日韓風和歐美風的差異，也很難用參數來區分深淺不同的黑色。

一般的做法是，服裝品牌要做到設計風格新穎、獨特、能引人注目、款式豐富、多樣，在保證材質和品質的基礎上提升供應鏈效率，從而降低成本、減少庫存風險，透過不斷打折來刺激消費者購買以保證銷售收益。數位產品品牌要做的是，投入研發力量不斷設計、研發新的型號，透過硬體條件不斷推陳出新，推動消費者持續關注和購買，提升回購率，一旦新型號面世，舊型號就不再具有那麼高的市場價值，然後透過一定的折扣來清理舊型號庫存，回收成本。然而，我們發現無論是 Uniqlo 還是小米的做法，和它們所處的品類裡其他的品牌商家的做法都不盡相同。

Uniqlo 的產品幾乎涉及服裝大類裡的每一個小品類，但從款式來看，每年推出的新款只有一千種，平均每個末級品類裡的新款數量比其他服裝品牌都要少很多。在款式設計上，Uniqlo 從來不強調個性，只做基本款。每年雙十一最熱門的兩款單品是輕羽絨外套和刷毛衣，幾乎只要熟悉雙十一的消費者都知道，這兩種產品必須提前加入購物車，並且在零點到來之前打開購物車頁面，就像參與秒殺般的速度才能搶到。好多年以來，輕羽絨外套和刷毛衣的樣式沒有變化，甚至色彩、圖案的變化也不大，卻成了Uniqlo最長銷、最成功也最典型的爆款。

從某種角度來看，這兩款衣服都有點像標品。比如，輕羽絨外套的款式不挑身材，任何人都能穿，不同人穿上差別並不大。另外，輕羽絨外套具備一定的穿著功能，保暖、可防水、有抗雨雪能力，整件衣服的品質非常輕，不但穿在身上輕若無物，還可以輕巧地捲起摺疊，方便攜帶。這裡所說的標品特質並不是指Uniqlo把衣服的某些參數做得規格化，而是指降低了衣服作為非標品的裝飾功能，突出了它們的穿著功能，透過建立某種可被感知的標準，使得它們可以向消費者傳遞比較明確的消費預期，在購買衣服後得到較確定的消費回報。而且，輕羽絨外套和刷毛衣都是冬季單品；在冬季，保暖禦寒同時合身輕巧，可說是現代都市人在穿著方面比較實在的需求，Uniqlo在設計產品的穿著功能時，正是朝著這些實在需求的方向切入。所以，Uniqlo的策略實際上是找到消費者的真實需求，在非標品的行業裡挖掘出可被標品化的品種，然後設計出突出的、外顯的產品特質，再用高品質傳遞給消費者明確的消費預期，從而打造出具備某些標品屬性的爆款。

在供應鏈側，Uniqlo的做法是一切以控制成本為中心，做到以最優的成本配置來進行批量生產。其基本款策略決定了它所需的布料，原材料品種相對集中、批量較大，所以可以進行集中、大規模採購，也可以掌握與原材料生產廠商談判的主動權，拿到相對實惠的價格。同時，它選擇人工成本較低廉的地區來發展自己的代工廠，一方面透過建立長期的合作關係來捆綁利益，從而保證成衣品質，另一方面以適當的節奏變換生產地，不斷尋找物料、人工價格更低的地區。根據一組來自互聯網的資料顯示，Uniqlo 在中國生產的產品已經從百分之九十降到百分之七十，更多的成衣代工轉向孟加拉、越南、印尼等地。再加上從商品開發、設計、布料採購、生產程序控制、品質控制到終端零售，全部環節都由 Uniqlo 自主營運、全程掌握，這麼做省卻了中間環節的損耗，提升了供應鏈的反應速度。

以上這些做法讓 Uniqlo 可以在各個環節壓縮成本，還能加速它的技術進步和工業化進程，使得在成本管控方面獲得明顯優勢，並為終端零售靈活的行銷和銷售方式留出了足夠的價格空間。一件短版的輕羽絨外套，雙十一活動打折後價格為三百五十九元人民幣，比定價優惠了四十元，比起其他一些品牌打折動輒優惠上百元，優惠幅度明顯較小。但輕羽絨外套在穿著功能方面穩定的輸出，能夠為消費者帶來長期不變且有很高確定性的消費回報，因此在眾多消費者眼中，它成了一款「強勢貨幣」，有明確的價值作為基準線，以此基準線為參照，哪怕只便宜幾塊錢，消費者也會認為這是購入這款商品的好時機。同時，Uniqlo 強大的供應鏈管理體系又能支撐它把商品的終端零售價壓到夠低，所以能打造出輕羽絨外套和刷毛衣這樣物美價廉、歷久不衰的爆款。

一般消費者在買衣服時，更常看衣服與自己合適與否，Uniqlo 就是透過提供突出的功能性和通用性把消費決策的過程縮短，降低「合適與否」這個問題的疑慮。但在小米所處的標品品類裡，做法可能正好相反。每款商品都被一串串編碼標註出特性，不同品牌的同類商品被安排在相近的貨架上，由消費者透過一組組客觀參數的對比來選擇哪個成本效益更高。所以，標品通常看起來冷冰冰，在消費者端也不容易產生獨特的可識別性和高度的黏性。

小米的做法就是在標品的客觀表現中加入主觀因素，讓用戶參與產品設計、服務互動及品牌建設，增強用戶對於小米品牌的情感連結，從而讓用戶對小米品牌和產品產生強烈的認同感。這麼做其實也是在縮短消費者的購物決策過程，透過在品牌和產品中加入非標準化的文化核心，減少原來在消費者反覆對比不同品牌型號的功能或性能的過程中所損耗的購買轉換。當然，小米在供應鏈管理上同樣下足了工夫，它透過與專業代工廠結盟的方式，減少中間代理商和流動轉移環節，縮短鏈條，直接對應生產廠商和用戶，從而降低成本，同樣為零售端的銷售策略提供了靈活的空間。

可以說，小米的策略是在與消費者的互動中找到情感連結的切入角度，在原來只強調功能和實用的標品中打造出融入非標主觀情感的單品系列，再從行銷端入手，不斷強調小米和每個用戶之間的強關聯，使用戶成為品牌粉絲，培養忠誠度。透過這兩個常勝品牌，可以看到標品與非標在相互借鑑，尤其是在品牌建設、產品規畫和產品設計等面對消費者端的決策中，正朝著對方的領域邁進。我們也看到，如果標品的確定性和非標的情感連結得好，就可以帶給消費者更大的價值和更好的消費體驗。

我們可以暫且把這種標品裡結合了非標品的優勢、非標品裡帶有標品屬性的商品稱為「新標品」，只要採取「用戶對消費回報是否有明確的預期」、「消費回報是否在一定程度上可以被進行客觀的比較和衡量」、「用戶是否對品牌或某個單品系列產生主觀偏好和依賴」這幾點，去觀察近幾年來出現的一些爆款，就不難發現很多爆款都有新標品的特徵，比如美國超市品牌好市多的科克蘭綜合堅果罐，在二〇一四年參加雙十一的第一年，就以十萬罐的銷售量一炮而紅。

為什麼新標品成了雙十一最大的贏家？

分析完 Uniqlo 和小米之後，有些人可能會認為新標品的產品定位和商業實現固然有價值，但似乎仍不足以說明這兩個品牌在雙十一成功的原因。事實上，新標品的商業路徑確實是品牌基本策略的問題，但因為新標品在策略起始點上就解決了消費者的消費決策問題，所以它有助於品牌在銷售策略中獲得更多靈活度，也就有利於品牌在大型集中促銷活動中凸顯自己的優勢，從而獲得成功。

首先，網購這種消費方式決定了消費者沒有試穿、試用等親身感受的親測過程，不能讓消費者順利感知到商品是否合適，成了很多商品尤其是非標品最大的網銷障礙。像

Uniqlo 把衣服做成通用款、基本款、功能款的做法，不但降低了消費者網路與實體購買的選擇成本，同時，相較一般標品的網購，還方便了消費者對不同型號產品在功能、實用性和價格方面的比較，但這也加劇了標品之間的競爭。小米的做法可讓它的用戶和潛在用戶跳過「比較」步驟，直接選擇它的品牌和產品，也十分有效地提升了網購的轉換率。所以，其實新標品非常適合成為「網紅」，而且非常適合網路銷售管道。

阿里巴巴以前成立過一個公司叫做「一淘」，主營業務是一個網購搜尋入口，主要提供購物比價功能。當時有不少人看好這種模式，認為它會成為網購入口，但即使可能被認為是馬後砲，我們也能嘗試分析一下，從零售角度而言，終端配對需要講究效率，把同款商品不同價格的購買鏈結放在一起，真的能提高效率嗎？看似這麼做能讓消費者進行更直接的選擇，但事實是，更多人看到相同商品的價格差距很大時都會產生疑問：為什麼這個那麼便宜，而那個有點貴，難道那個是正品而這個不是？或者這個價格低的有什麼問題，難以獲得消費保障？當我們希望透過資訊透明來提升配對效率時，必須注意到引導購物決策的資訊應當是全方位的，價格雖然很重要，但絕對不是唯一的一項。有時價格這個維度和別的維度在消費者眼中可能是對立的，如果不能做到資訊全面透明，而只是單純把比價擺在消費者面前，就很容易讓消費者感到困惑，不但拉長購物決策過程，甚至可能直接打斷消費者的購物路徑。

所有的電商模式核心永遠是轉換率。貨架型模式講求的是購買轉換率，內容型、社區型模式講求的是從遊客轉換為長期且有購買用戶的轉換率。無論我們把轉換率分解成回購率、消費頻率、黏性還是單次購買轉換，新標品都有明顯的優勢。所以前面說新標品有網紅的潛質。

雙十一是以網購為基本形態的大型集中促銷活動，雙十一期間，大量購買流量集中在天貓平台，需要在短時間內進行供需配對，無論是消費、平台還是商家，都希望每個購買都能在最短時間內形成，購物決策過程愈快愈好，購物路徑愈短愈好。新標品在消費者端通常有著清晰的認知，而且可能經過幾年也沒有發生什麼變化。比如前面說到Uniqlo的輕羽絨外套，款式幾年都沒變過，好市多的堅果罐在品種、重量、包裝也是一直沒有變過。或者消費者其實非常清楚它會怎麼變，比如小米手機變得更輕更薄，螢幕解析度更高，出現一些新奇、實用的功能，大概就是這樣。

這種穩定的消費者認知，幫助新標品減少了因需要不斷取得消費者認可帶來的購物決策成本。同時，新標品在市場中具有穩定的市場價值，消費者非常清楚平時或線上下超市中好市多的堅果罐賣多少錢，每年雙十一必然是它最便宜的時候，此時不搶更待何時？另外，新標品一定是滿足了消費者在某一方面比較實在的需求。還是以堅果罐為例，它可以滿足你同時吃幾種堅果又不需要單樣購買的需求，看起來就是超級實惠方便，對消費者來說，即使暫時用不到，在雙十一先買下來也絕對不會後悔。所以，毫無疑問，雙十一需要能產生高轉換率的商品，而新標品正是其中最能如魚得水的商品。

> 如果不能做到資訊全面透明，就很容易讓消費者感到困惑，不但拉長購物決策過程，甚至可能直接打斷消費者的購物路徑。

雙十一將是大家消費品的天下

這些年來，由於國內經濟的發展，網購帶動零售業的發展，人們的生活水準得到顯著提升，大家的消費取向顯現出一些變化。一方面，很多人不再滿足於普通消費品原來單一的功能，或者有些人在某種功能上追求更新穎的技術服務以及更高的品質保證，更多的消費者願意用更高的價格獲取更大的價值。另一方面，愈來愈多人找到自己的特殊喜好，在某個領域或某種品類上表現出明顯的個性化需求，比如有人愛上夜跑，為夜跑購買各種複雜的專業裝備；有人成為資深吃貨，從阿拉斯加深海鱈魚到澳洲沙朗牛排，從墨西哥酪梨到中國雲南松茸，把全世界的美食都吃遍了。

將來，消費層次很有可能會出現三層式的分布：底部是可以涵蓋消費者生活各方面的「什麼都能買到的市場」，今天，這一層的主導者是萬能的淘寶。中間是真正滿足消費者日常消費所需的，為消費者提供有較高品質保證和確定性消費回報的消費品市場。我們可以把能在某個品類或領域滿足消費者的某種實在需求，且其市場價值在同品類品牌中具有明顯優勢的商品品牌，稱做大眾消費品品牌，就像 Uniqlo 和小米那樣。將來，這一段市場將會充斥著各種大眾消費品品牌。第三層是個性化需求市場，其實更準確地說，應該叫分眾市場，這層裡的局部市場不一定小，基於網路的配對效率，可能最終個性化需求和個性化場景能配對到的消費者數量不一定小；此外，這層的局部市場所對應的需求在某個領域裡可能確實是處於高冷的狀態，比如有些人愛喝茶，不斷追求更

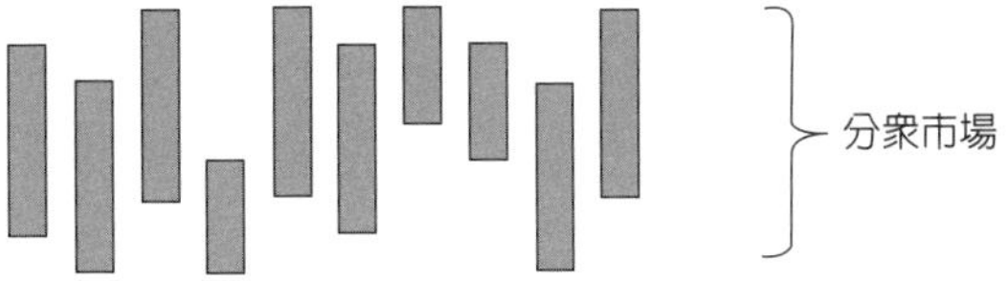

特徵：滿足部分人的局部需求或偏好，功能性偏弱，場景性、內容屬性（社區／社群）較強，個性化程度高，每塊分眾市場的人群涵蓋面不一定廣，但市場容量不一定小。

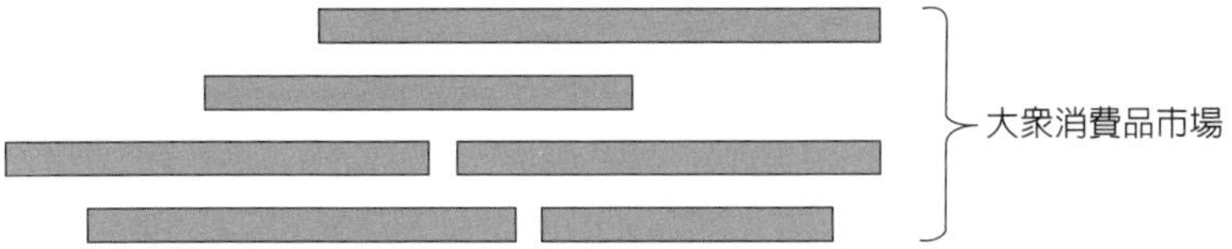

特徵：滿足一般消費者生活各個層面的基本需求，功能性、便利性高，個性化程度不高，市場內「大」品牌雲集。

特徵：極大豐富性，較高便利性，用戶涵蓋廣，但缺乏個性化體驗。

圖 15 三層消費市場

高品質的茶葉、更加精美的茶具、更高水準的茶藝。但並非所有局部市場都是這種狀態，也有可能是在大品類中切了一個細節品類，比如垂釣，只是戶外運動大類中的一個小品類，但隨著生活水準提高，會有愈來愈多人在閒暇時為自己培養喜好，垂釣可以涵蓋到的人也會愈來愈多（參圖15）。

我想，天貓的志向應該是在第二層消

費市場中成為主導者。

把盛產新標品的品牌定義為大眾消費品品牌，可能會讓大家把它們和大品牌畫上等號，畢竟本章中提到的 Uniqlo 和小米都是實力不俗的大品牌。但是，過往基於傳統零售環境成長的大品牌，和基於網路零售發展而來的大眾消費品品牌之間，其實有著非常重要的差別。

與網路零售同步發展的大眾消費品品牌和傳統大品牌的主要區別在於，它們的配銷結構更加扁平，能夠得到更快速、更高效的市場回饋，因此，它們研發出更多具有「消費者入口」特性的強勢爆款。它們也許非常專注，只做透過頻繁互動在消費者端已經得到驗證的單品、垂直品類。比如小狗電器，從二〇〇七年入駐阿里系電商平台以來，一直專注於「掃地」、「吸塵」這兩件事，二〇〇八至一三年，連續六年位居淘寶吸塵器品類銷售第一的位置。它們也許因為掌握了消費者對於多樣性的需求以及興趣變化的規律，而提高了自己的供應鏈應變能力，不斷地用新的爆款來替代舊爆款，以這種方式獲得更多長期關注品牌的高黏度用戶，從而在消費成績上取得長期的優異表現（參圖16、圖17）。

在二〇一五年雙十一各品類品牌店鋪交易指數（也稱交易行為數，如交易金額、支付訂單數等擬合出的指數類指標。交易指數愈高，表示交易行為愈多）排行榜中，女裝前十名的品牌店鋪中有四家是從互聯網誕生的所謂「淘品牌」。在家具大類和零食類

→為商品分銷供應鏈的流向，可見商品與消費者配對效率低、價格高，伴隨商品所觸達的服務也是效率低、成本高；

←為消費者資訊回饋流向，過程長，中間環節多，資訊失真、易流失，對品牌商來說，資料、資訊回收再利用成本高。

圖 16 傳統供應鏈流程圖

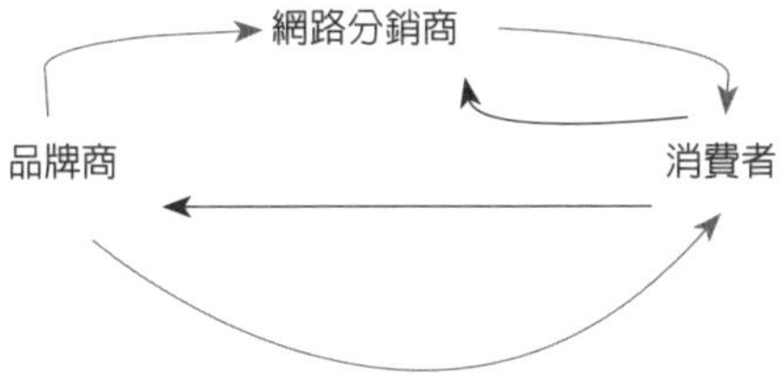

→為商品銷售供應鏈省去中間環節，大大提升效率，有效釋放了價格空間；

←為消費者資料、資訊，完整、全面地回饋至品牌商，成為第一手材料，可直接應用於生產、銷售策略調整和改進。

圖 17 網路分銷商供應鏈流程圖

中，排名第一的也都是「淘品牌」。未來（其實未來已經到來）幾年裡，所謂大品牌會經歷一輪洗牌，一方面，一些具有互聯網基因的品牌正逐步走向歷史舞台的中心；另一方面，很多傳統品牌正快速吸取互聯網品牌的優點，改變自己過去的銷售形態，以適應新的更多樣性的零售環境。更多在消費者端有自己明確認知的大眾消費品品牌，也將出現在我們的生活裡。

天貓主導這個大眾消費品品牌市場的方式可能也會發生一些變化。在某些仍然需要多樣性的品類裡，天貓應該仍會保留大平台的身分，為各種不同定位的品牌提供環境和空間；但對於一些消費者對服務要求較高、商品向消費者傳遞的消費預期比較明確、品牌之間差異性較小的品類，天貓可能會選擇走向 B2C 的自營模式，透過對零售環節的全面介入向消費者提供統一、有高度保障和確定性的服務和體驗。

至於大流量集中、高密度成交的雙十一，對消費者來說，快速下單囤貨的消費場景一定是更經得起反覆推銷、物超所值的大眾消費品集中爆發的最好機會。

雙十一會成為全世界的狂歡節

「速賣通」是阿里巴巴另一個電商平台，也是由國內廠商直接面對國外消費者的跨境電商平台。二〇一五年雙十一，速賣通跨境出口一共產生兩千一百二十四萬筆訂單，創下歷史最高紀錄，涵蓋兩百一十四個國家和地區。另外，雙十一當天，速賣通 APP 在全球一百二十一個國家和地區購物類 APP 綜合排名中（含下載量、用戶活躍度等多項指標）均為第一。那一天，除了中國人及在中國的外國人，一百個老外裡就有一個在瀏覽速賣通。

速賣通的雙十一活動從美國太平洋時間十一月十一日零點開始，開場第二分鐘，暫態交易峰值衝垮俄羅斯當地最大兩家銀行，在緊接著的一小時內，西班牙、以色列、烏克蘭、哈薩克、南美地區多國銀行對應系統告急。速賣通不得不緊急限制流量，讓各國銀行系統恢復。即便如此，速賣通成交額仍在第七個小時便超過二〇一四年雙十一全天的成交額。

二〇一五年雙十一當天，超過三千萬的中國人購買了進口商品，這一數字接近二〇一四年全國出境人次的三分之一。當天，有五千多個海外知名品牌參與了雙十一的活動，其中一些品類購買進口商品的比例已經增長到非常可觀的程度，比如母嬰用品成交占比近百分之三十，美妝成交占比為百分之二十二。

好事多是美國第二大零售商、最大的連鎖會員制倉儲量販店。之前提過，好事多於二〇一四年借助天貓國際進入中國，並在當年雙十一因銷售十萬罐重達九十噸的綜合堅果及十四萬包蔓越莓乾而走紅。二〇一五年，它繼續憑藉這兩款商品，在天貓國際進口成交排名中傲居首位，銷售額超過五千萬元人民幣。

麥德龍是德國最大的超市集團，是較早把歐式經營與歐洲進口商品帶到中國的商業集團，它在二〇一五年雙十一成功預售十四萬箱牛奶，而每年在中國八十二家門市的液態奶銷量是二十二萬箱。

「買全球」的風氣正上揚

印象中從二〇一四年開始，就不斷有各種新聞報導中國人一會兒去日本淘馬桶蓋，一會兒去法國買酒莊，一會兒又去韓國集中採購化妝品。商務部的資料顯示，二〇一五年中國遊客的境外消費約一兆兩千億元人民幣，繼續保持世界主要旅遊消費群體稱號。網上資料顯示，二〇一五年，中國消費者在全球的奢侈品消費達到一千一百六十八億美元，也就是說，這年中國人買走了全球百分之四十六的奢侈品，其中九百一十億美元在國外發生，占總額的百分之七十八，即中國人近八成的奢侈品消費是「海外淘貨」。

其實看看發生在我們自己身上的事情，就可以感受到中國人對「洋貨」的強烈需求。我也是個貪玩的人，每年出國至少兩次，雖然我不是一個喜歡購物的人，但旅伴幾乎都是，因此總是被迫安排至少一至兩天的時間專門用於購物。而每次來到國外的購物場所或在機場的退稅窗口，總能遇到「壯觀」的場面。整場擠滿了黑頭髮、黃皮膚的面孔，堆滿了各種各樣的貨品，無論哪種膚色的導購員、服務人員都會說上幾句中文，熟練地向中國遊客推銷各種東西，他們甚至知道什麼化妝品適合黃種人的皮膚、什麼東西最適合帶給父母。

以上這些現象反映出中國消費品市場十分顯而易見的趨勢，那就是「買全球」。不管國家政策如何變化，全球好貨會不斷流向中國市場。

不妨來分析一下其中的原因。比較淺顯的原因是價格。根據不完整的資料調查，同樣的酒類商品，國內外平均價差高達百分之六十四，最高價差達百分之八十五；腕表平均價差為百分之三十三，最高價差百分之八十三；而消費者最常買的服裝、香水、皮包、化妝品和皮鞋，價差都在百分之三十以下。價格因素非常重要，單價愈高的東西在國外買比在國內買愈省。

比價格更核心的原因是，隨著社會整體經濟水準的發展，以及人們前些年被網購培養起來的消費需求，消費水準確實被拉高了許多。除了日常所需，人們比以前更關注新潮、代表高科技的產品；他們更願意多花些錢，去選擇更具美感、品質更好、更耐用的消費品；而且，更多的人開始關注品牌，留意品牌的背書及其所傳達的生活態度。

但也是在消費需求發生變化的這些年，國貨卻沒有給大家留下足夠好的印象，反而在很多地方頻頻出現問題。二〇一三年連續爆發的食安問題，每年「三一五晚會」[1]總

1 三一五晚會固定在每年的三月十五日播出，目的是希望透過揭發生活中關於侵犯消費者權益的案例，宣導消費者權益，並提高消費者維權意識。

有電器、化妝品等離我們很近的商品遭到揭露。而且，這幾年國貨並未抓住消費增長的契機，發展出一些在品質、文化、服務等各方面都足夠可靠又能讓消費者耳熟能詳的品牌。於是，消費者漸漸把錢包投向了洋貨，這是非常順理成章的事情。

另外，還有一件事也會在近幾年促進整個海外淘貨的市場。前些年，率先被我們熟知的品牌都是國外一些所謂奢侈品品牌，這多虧了紙媒時代媒體對所謂時尚的追捧，事實上，國外值得買的東西遠比奢侈品要多得多。初始階段，大家去國外買奢侈品回來多半因為買了個「大家都知道」的牌子，穿戴或用在身上顯得有品位或有面子·然而隨著奢侈品逐漸普遍，以及人們跨海淘貨的頻率逐漸增多，大家發現隨身佩戴名牌並不是什麼了不起的事，於是人們的需求漸漸歸於真實和實用。這時，國外一些精於技術與耐用的品牌就會躍入人們的視野，大家會發現，國外值得買的東西還有很多。

毫不誇張地說，具備以上需求的消費族群非常大。知名的海外購物平台「洋碼頭」有資料顯示，海外購物的主流人群集中在二十五至四十歲，其中二十五至三十歲的用戶偏愛鞋服美妝，三十至三十五歲的用戶更鍾愛皮包數位產品，三十五至四十歲的用戶除了珠寶輕奢侈品外，還關注營養健康類的商品。簡單推算一下，這個年齡層的人群幾乎就是當年網購興起時組成電商紅利的主力人群。

有人說國內電商的下一個紅利人群應該在農村，我也認同這一點。如果「買全球」的紅利人群就是當年率先跑到網路買東西的那群人，那麼他們的消費能力、社會影響力、對整個行業的帶動能力，在電商興起時代就已經被驗證了。因此，相信在近幾年，他們買遍全球的能力會再度得到驗證。

天貓需要為買全球解決的問題

淘寶有個交易模組叫做「全球購」，用代購和DM的方式做跨海淘貨的生意，已經行之有年。雖然全球購也是海淘形式的一種，先不說這種模式是否抵觸國家的法規政策，單就它自身而言也存在很多問題，以至於一直沒有足夠的熱度而發展不起來。問題主要集中在兩方面，一是貨源是否為正品、貨源品質究竟如何，始終難有確定性的保障；另一個是交易流程效率低，過程比較複雜。

「全球購」的出貨方都是個體賣家，他們以代購形式完成集貨，這種集貨方式缺乏良好的信用基礎作為背書，貨品的品質沒有保障的依據。而且這種缺乏組織的集貨方式，對貨源的涵蓋範圍會產生限制，不利於讓更多品牌被發掘，也不利於將更多的優質商品介紹給國內消費者。

至於代購的方式，需要買家懂外語、擁有海外信用卡，還要自己找轉運公司來完成物流訂單，這些地方遇到的各種障礙，都會一再地拖長交易時間，也讓購物的體驗差到極限。

當然，在沒有全球購的歲月裡，我們買到進口商品的過程更長，能買到的進口商品

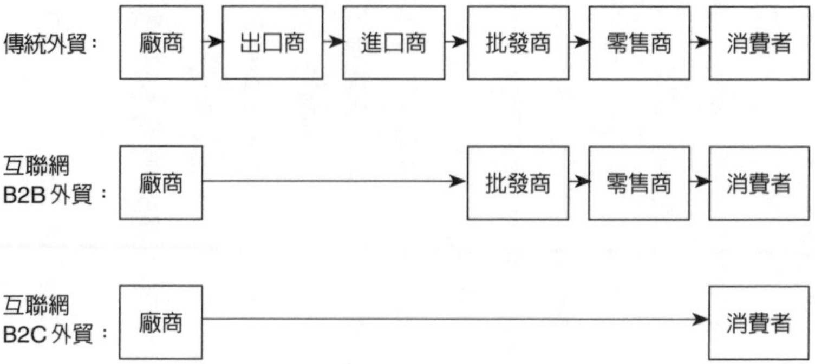

圖 18「賣全球」的供應鏈

更少。很多進口商品要經過多層代理才能來到消費者面前，所以表現出來的高價格不光是各種稅費，還有各種中間商的層層利潤。

天貓是B2C平台，這個路徑可能不是放諸四海皆準，但在跨境進口業務上還是能奏效。天貓國際用的仍是B2C平台的方式，繞過了中間的貿易商、進出口商以及國內參與利潤分成的層層通路商，讓商家直接面對消費者，和國內電商起步發展時一樣，大幅縮減了中間成本，降低了價格（參圖18）。在保稅備貨進口這種模式下，大宗貨物的集裝箱海運取代了單件包裹的DM，這麼做相當於讓一個消費者的跨境物流成本降低了大約百分之九十。

B2C的方式更大的好處就是真正打開了國外的貨源。更多的國外品牌透過B2C平台，發現了和中國消費者建立高效連結的方式，原先中國消費者可能不熟悉的國外品牌，透過這種方式可以瞬間打開中國市場，並且讓國外品牌商直接面對境內消費者，正品的問題就自然解決了。

以上所說，尤其是關於流程的問題，其實是體系型的問題，需要配合基礎設施的建設和一系列基礎配套服務的發展，才能夠真正獲得解決。

比如原本進口流程中耗時最長、過程最不確定可能是政府海關部門的監管過程，原因在於缺乏資訊的高效對應。只要借助互聯網資訊技術，就可以將消費者支付寶的實名資訊、網上交易訂單資訊和菜鳥網絡所提供的國際貨運物流資訊進行即時關聯和合一，並和海關口岸的電子化資訊對應。這麼做既不會錯也不會漏，還方便海關、商檢部門進行資訊調取和檢查，提升流程效率。

保稅區的運輸、保稅倉儲、快遞發貨以及剛剛提到的監管對應，這些圍繞著保稅進口平台的供應鏈服務不斷地發展，服務水準不斷提升，可以讓中國消費者在跨境消費的交易、支付、物流等過程中，逐漸享受到和境內網購一樣便捷的體驗。

「賣全球」的機會

我們先來了解一下以前的外貿過程，然後再看看把外貿搬到網路之後會產生什麼樣的變化。

中間有那麼多商業環節，有那麼多方要在中間取得利潤，和進口一樣。可想而知，

> B2C 的方式更大的好處就是真正打開了國外的貨源。原先消費者可能不熟悉的國外品牌，透過這種方式可以瞬間打開市場，並且讓國外品牌商直接面對境內消費者。

出口商品在國外消費者面前的價格相對較高的。

從資料上看，二〇一四年中國出口按照美元計算僅增長百分之六點一（如果按照人民幣計算則增長百分之四點九），創下二〇〇八年金融危機復甦後的出口增長新低。事實上，從金融危機以來，中國出口在短暫恢復後，一直處於一路放緩的狀態。中國第一大深水港寧波港發往世界各地的集裝箱和二〇〇八年以前相比，減少了大概三分之一。為什麼中國的出口會呈現這種頹勢？大概有兩方面的原因。

中國一度是全球共知的「世界工廠」，很多國際知名品牌都把供應鏈的製造環節放在中國境內，因為中國的勞動力便宜，生產成本相對較低，也是同樣的原因，中國所生產的消費品在出口前就擁有較低的起始價格，因此為出口商、國外進口商等中間商，留出了很大的價格空間，也容易在國外市場獲得價格優勢。但現在，中國的勞動力成本不斷提高，各個品牌商陸續將製造環節移出中國，中國製造在世界市場上也不再擁有價格優勢。

另一個原因恐怕是境外的需求。經濟一直沒有真正恢復到金融危機之前的狀態。人們的消費和以往相比變得更加理性，需求也因此變得更加細散。原來的進出口鏈條是集中式的，境外進口商集中採購，量大而種類少，同時，在這種集中式的各個環節間，利潤不斷被攤薄。所以，整個鏈條的運作顯得愈來愈低迷。

出口放緩，速賣通卻變得很受歡迎，這不矛盾嗎？為什麼在互聯網上呈現出和實體不一致的景象？這也不難理解。首先，流通環節的減少使得毛利率不斷提高。可以說，在中間環節被取代後，原本被中間環節分走的利潤可以拿出來分配給消費者和廠商。在毛利率增加的同時，消費者看到的價格也更低了，這在境外消費者縮減了消費需求的情況下，十分利於打開市場。

然後，就像當年國內電商的發展過程一樣，很多品牌商都在陣痛後嘗到了直接面對消費者的好處，中國企業直接面對海外消費者，也可以直接獲得海外個人消費者的回饋，不再受制於海外的貼牌商和中間商，可以及時、真實地了解海外市場消費者的需求，並加以改進。舉一個例子，速賣通在美國賣得最好的商品之一是假髮。假髮在美國的需求量非常大。有一個美國黑人女孩透過速賣通從中國買了一頂假髮，在游泳時出現了問題，這件事直接推動了中國生產世界上第一款防水假髮，並快速鋪到速賣通上進行銷售，很快成為暢銷美國的爆款。

國際知名投資人孫正義先生有一個時間機器理論，大致的意思是說，某一個行業在某一個相對落後地方的發展過程，可參照這個行業曾在相對先進的地方發展過的軌跡。不知道大家是否記得，前面說過，電商之所以沒有在美國發展得像在中國那麼好，是因為在電商發展起來之前，美國的零售業已經十分發達，而中國當時無論是基礎設施還是配套服務，都還比較初級。電商一來，為中國消費者帶來前所未有的消費體驗，所以電商會以摧枯拉朽、風捲殘雲的方式席捲中國的零售業。

今天我們把目光再次投向中國以外的地方，不難發現，這個世界的其他地方還有著很多像當年的中國一樣，是一個既沒有電商、實體商業基礎設施也較為落後的地方。如果把目標瞄準在那些地方，一旦電商進入，就可能重複上演當年中國電商紅利引發的商業奇蹟！

速賣通如今已成為俄羅斯最大的網路購物平台。現在，速賣通在俄羅斯做促銷時，會發生類似前幾年我們遇到的「爆倉」現象，全國性的網路集中搶購，導致大量快遞積壓在莫斯科的一個小倉庫裡。即使在這種物流條件下，俄羅斯人二〇一五年雙十一在速賣通的購物成交額仍排名世界第一。

另一個例子是巴西。二〇一二年之前，巴西人在速賣通下單購物之後，要先拿著訂單號碼到類似存款機的終端輸入單號，存入現金。七天後，賣方的支付寶帳號才能收到這筆錢，才能進行發貨。發貨之後，貨物平均要過六十五天才能到達。支付工具、物流服務，簡直差到不能忍受，但就在這種條件下，巴西的網路購物消費規模仍以每年六至七倍的速度增長。

當然，電商的快速增長，一定會驅動當地商業基礎設施的不斷發展和完善。這種反作用力，我們也已經在中國見證過一次，相信不需要解釋太多。

可以預想的是，雙十一在海外這些地方，將發揮和前些年在國內一樣的作用，拉動更多人開始網購，促進當地配合電商所需的商業基礎設施的建設，當然，也會驅動更多的境外廠商、品牌商把市場和銷售的重心向網路通路偏移，逐漸融合。

不難預言，雙十一一定會成為全球盛會。二〇一五年美國東部時間十一月十一日的早晨，遠在萬里之外的紐約證交所外牆上，懸掛起大幅的橙色阿里巴巴標誌和紅色天貓雙十一的橫幅。紐約證交所的工作人員也身穿印有阿里巴巴字樣的背心，在十一月十一日這天向「二〇一五天貓雙十一全球狂歡節」致意。這好像是在吹響雙十一正式向全世界發出邀請的號角。相信在未來的幾年，速賣通和天貓國際會把雙十一帶到世界上更多地方。

Chapter

5

商業使命與奇蹟的關係

馬雲說過，希望雙十一能達到千億級的規模。為團隊找到的商業使命，還必須是自己真的相信、也足以讓更多人相信的使命。如果自己相信，即使沒能成功，最終也會有人在這個方向上做成一件類似的事情，實現自己想要實現的東西。那麼，基本上就可以判斷，已經找到了屬於自己的商業使命。

前面的章節談了很多關於電商行業發展過程中的商業機會，阿里巴巴為什麼要做雙十一？雙十一是怎麼做出來的？又是怎麼發展到今天這樣的規模？在上述行文中，我們探討的幾乎是如何認識形勢、辨別時機、找到關鍵引爆點，如何在每一年的活動中做好延續和持續，以及如何運用大平台的優勢來支撐雙十一的不斷增長。換句話說，我們一直在分析，試圖講方法論，好像只要掌握了每一項重要的方法論，就可以應用於其他商業行為，尤其是網路商業行為，距離成功就不會太遠了。

然而，事實可能並非如此。

假如我們想要再靠近成功一點，就不能忽略另一件事，而這也是我在寫作過程中一直猶豫是否要寫出來讓大家知道的事情。

不可忽視的團隊力量

很多人都在諷刺「理想主義」，要是有人聲稱抱著什麼尚未達成且正在努力、為之奮鬥的夙願，就總是會有人冷嘲熱諷，甚至給出一個粗暴的判斷，又拿情懷做買賣。

事實上，有理想絕對不是一件壞事，也不應該僅僅停留在小學作文裡如此遙遠的事。尤其是商業理想，對於推動社會某一層面的進步、對於商業行為本身的成功，都是有意義的。

對於推動社會進步的意義這個話題，比較適合梅雨天在茶室裡煮一壺清茶，圍上三五好友，從商業史上挖掘一番，然後談天說地、各抒己見。在這本書裡，我們只說商業意義，也就是「理想」，比如在商業上取得成功，到底能發生什麼作用。

以前，阿里巴巴有一個富理想主義色彩的團隊，至少在二〇一四年上市之前是這樣的。當然也有可能是因為我在二〇一四年離開阿里巴巴的電商核心業務群，後來的事情我也沒什麼資格進行表述。我們只說以前的一些事蹟，就足夠作為「獲得成功」的例證來表述。

所謂「理想主義」，我的理解包含兩方面：一方面大概是指在商業願景、戰略選擇上，一個商業團隊必須找到一個共同相信的商業使命。比如說，阿里巴巴最早提出的「讓天下沒有難做的生意」，我們以前稱這種主張為「社會責任感」，實際上更確切地說，是阿里巴巴對自己商業使命的定位。另一方面則是將這一商業使命貫穿於團隊建設和管理當中，使團隊保持一定的理想主義濃度，能夠高度團結，並且不只是為了眼前利益做事。

商業使命要符合趨勢並具商業價值

先來談談「商業使命感」。

商業使命是指一個商業團隊最終要達成的一個長遠商業目標。從不脫離商業本質的

“商業使命是指一個商業團隊最終要達成的一個長遠商業目標。”

角度來說，就是我們所做的這件事最終要為社會在商業範疇內提供價值，要為誰解決一個目前在現實面可能難以解決的問題。如果我們做到了，那麼我們所做的事情在可以預期的將來會產生一定的商業價值。我們相信，基於所提供的這一商業價值，可以獲取相當的商業回報。

這和基於個人理想產生的情懷有著本質上的區別，經得起考驗、最終能對團隊產生較大價值的商業使命，應該要具備以下特點。我們繼續拿雙十一為例。

首先，符合某種社會趨勢。即使是我們所定義的商業使命，它所描繪的狀態要得以實現，也需要依賴一些必定是符合這種趨勢的前提。

中國原先的實體零售型態存在很多不足之處，消費者的許多消費需求都未被滿足與釋放，而網購可以解決其中一些問題。由於網購的豐富性和便利性，它最終會被充分融合到日常消費當中，成為每個人生活的一部分，從而可能改變每個人的生活。上述判斷是根據二〇〇三年淘寶出現之前，阿里巴巴（當然主要是馬雲和阿里巴巴的戰略高層）基於對中國零售業和互聯網發展態勢的認知而產生的。所以，淘寶的商業使命就是把網購帶到每個人的身邊，讓它改變當時大家的生活，成為未來生活的一部分。

到了二〇〇九年，「將來每個人都網購」這個發展趨勢，幾乎已經人盡皆知。既然在那幾年之內就會看到網購真的成了人們生活裡必然的消費行為，那麼網購就應該像傳統零售一樣，擁有屬於它的購物狂歡節，同樣具有高參與度、強互動性，並做到實體零售活動永遠無法企及的涵蓋面和影響力。它可以影響更多人，也可以凝聚所有人，可以在真正意義上讓所有人都賣得得意、買得開心。

雙十一的商業使命就是要做成這樣一個購物狂歡節。我們可以看到這一使命是基於網購會普及這一趨勢所做出的，完全符合當時的情勢。

然後，圍繞著這一商業使命，我們要做的最重要事情一定是能提供獨特的商業價值，並且在未來符合很多人的需求。

像雙十一這樣一個購物狂歡節，會有什麼商業價值呢？前面不只一次提過，前期它能影響更多人，把網購帶到更多消費者身邊，讓更多品牌商和商家信賴電商零售這種模式，接著逐漸讓所有人都體會到它的豐富、便利、快捷與實惠。現在，它的價值是讓消費者在這一天享受到「回饋」和網購環境中最極致的消費體驗，讓品牌和商家有機會集中面對更多消費者，不僅能賣出更多商品，還能有個絕佳機會來提升自己的通路能力，以及整體的網購零售營運能力。

商業使命和目標不同，目標是在一個相對明確的期間，達到一個可以準確用數字或客觀條件描述出來相對明確的狀態。商業使命屬於未來，而不是現在，是比眼前可見、可以觸達的目標更具想像空間的事情。

當時，雙十一可以參照的目標就是淘寶的年底促銷活動。二〇一〇年是「一一二一」，二〇一一年以後是「雙十二」。雖然在開始的一兩年，淘寶的年底活動比雙十一

> 商業使命屬於未來，而不是現在，是比眼前可見、可以觸達的目標更具想像空間的事情。

的交易額大，但那始終只是淘寶一個站點的促銷活動。而雙十一不僅是天貓的，還是衝著全網甚至全世界去的人，這個定位顯然更感性、更讓人興奮。

最後一點，商業使命絕對不是被畫在牆上的一塊餅，如果是，那麼它也是一張面目清晰、有理有據、足可被相信的「餅」；我的意思是，商業使命可以被清晰描述出來，有時甚至可以被預估，即使不能十分準確，也能夠找到依據進行預估。

記得馬雲在雙十一的第三年還是第四年說過，希望雙十一能達到千億級的規模。他的意思大概是，按照網購普及的態勢，最終可以涵蓋到中國大多數的城市以及農村的一部分用戶，到了那時，雙十一的影響力可能就不僅僅局限於網購用戶，其影響力可以外擴到整個零售業，屆時千億量級會是一個比較適合用來評價雙十一是否成功的指標。

使命感是團隊商業行為的出發點

我們為團隊找到的商業使命，還必須是我們自己真的相信、也足以讓更多人相信的使命。如果我們相信，即使沒能成功，最終也會有人在這個方向上做成一件類似的事情，實現我們想要實現的東西。那麼，基本上就可以判斷，我們找到了屬於自己的商業使命。

使命感是決定團隊行為取向和行為能力的關鍵因素，有的時候是一個團隊商業行為的出發點。

我們有明確的商業使命，有利於整個團隊在執行過程中進行對焦，使得階段性的目標和各個職能模組的目標都不發生偏差。

今天，我們回頭看看雙十一走過的路，會發現過程中的每一步都是謀求共榮的路線。雖然阿里巴巴註冊了「雙十一」的商標，但是馬雲也說過，雙十一以後一定不只是天貓的雙十一，甚至有可能不僅僅是電商的雙十一。雙十一似乎一直沒有給自己設置界限，也不會拒絕各種行業、各個品類的商家加入雙十一的行列。

雙十一把階段性的目標以及要成為全網第一大網購盛事的整體路線結合得非常好，總是能在恰當時間做出恰當選擇。比如在二〇一三年以前，雙十一所選擇的路線其實是做好推廣和普及，用愈來愈便利的體驗和最大化的實惠，把大家都匯集到網購中。同時，這個階段最需要做的事情是做好基礎設施的建設，提供好基礎服務，用愈來愈快的支付、愈來愈讓人放心的物流和快遞服務，盡可能把網購的障礙消除掉，雙十一在這時發揮了很重要的基礎設施壓力測試的作用。然後，二〇一三年，互聯網環境發生了變化，網民在很短時間內就從個人電腦遷移到了行動端。二〇一三和一四年，可以看成是雙十一為順應這一變化對自己所做的調整。在完成了這個調整，又在最恰當的時機把戰線打到了中國的農村市場和海外市場。雙十一真的一步一步如願走出了「最大」、「全世界」的步伐。

當然，一個優秀的商業使命不能被忽視的就是它對於團隊的激勵作用。我們經常說，再好的點子也要有好的執行，否則就是空談。而實際上，一項執行工作執行到百分之七十到八十，和執行到百分之百甚至百分之一百五十、百分之兩百之間，真的會產生天壤之別。每一年的雙十一在執行前，都會先定義當天的成交額作為執行目標，而後每個團隊分解並領走目標。如果只以完成執行目標為導向，恐怕雙十一的規模還不到現在的一半。我所接觸過的執行團隊，沒有一個會因為目標訂得高或低而討價還價，也不會因為目標已經達成而停歇；相反地，所有人都清楚共同的使命，受使命感而驅使，因而所有人都在竭盡全力，不只是十一月十一日當天，每一個雙十一都是很多人經過很多個不眠的日夜辛勞而產生的結果。相信不只是在阿里巴巴內部，這種強烈的使命感也影響著每一個參與雙十一的商家。

為什麼要創業？

既然說到了商業使命，以及它對於奇蹟的發生有著至關重要的作用，我不妨分享一下自己在創業路上的一點心得。

現在有很多人創業，很多人拿了別人的錢來開餐廳也叫創業。我們不去揣測別人創業的動機，但創業是一件費時、需要長時間投入極大心力、腦力和體力的鏖戰。而且大多數創業的人都正值黃金年齡，對每個人來說，創業意謂著巨大的機會成本，用這個時間做份工作，說不定公司上市分點股票就能達到財務自由。若是談個戀愛，加上妻兒，那就人生無憾了。所以，選擇創業還是要想清楚。

如果有件事情是我們自己覺得好玩、很有意思、很值得奮鬥，那麼做出來了就會很有價值，也會有很多人喜歡，即符合前面說的商業判斷，能形成一個具體、清晰的商業使命，那麼，去做這件事就值得考慮。

如果不做這件事已經到了寢食難安的地步，那就創業吧；如果做了這件事讓人雖然沒日沒夜、沒有私人時間，但還是覺得興奮，會不自覺想要投入，那就去做吧，沒什麼需要猶豫的。為了不背負什麼責任，必須在這裡加一句：如果內心的驅動力並未達到這樣的程度，建議你三思而後行。

一旦開始創業，過程必定很艱辛。有個段子說：不要害怕創業過程中的困難，沒有困難是戰勝不了的，因為總有困難會戰勝困難。這不好笑，因為這是實情。但無論如何，請一定要相信你所看到的趨勢，相信自己經由仔細思考和客觀分析得到的結論，而且一定要形成個人的獨立判斷。無論想做的這件事是否正處於風口、是否有獲利空間，它可能沒人做過，甚至沒有人知道它會不會成功。要知道，一件已經有人做過的事，不值得我們付出那麼大的機會成本、冒那麼大的風險全力以赴去做。如果沒有在永夜之中孤單前行的勇氣，那就不要輕易創業；如果僅僅是因為看到了風起而為了追逐利益，那就更不能輕易創業。沒有可實現願景的商業行為，要嘛是短期行為，要嘛是空口白話，

“再好的點子也要有好的執行，否則就是空談。”

終有難以為繼、自食其果的一天。

找到了方向，確定了使命，接下來要做的就是有策略、有步驟、堅定地執行下去。雙十一的例子擺在面前，任憑阿里巴巴這樣偌大的平台，也花了七年時間才成就一個狂歡節。

引用一句很俗但貼切的一句話：路走對了，就不怕遠。

附錄一

關於雙十一的疑問

問題一

問：有觀點認為，雙十一是拆東牆補西牆，促銷前抑制消費，促銷過後，銷售則陷入蕭條期，所以它本身不帶來增量。這種觀點正確嗎？

答：最早提出這個疑問的可能是阿里巴巴內部。記得在二〇一一年，淘寶和天貓（當時的淘寶商城）一些負責行業品類營運的小二（這是我們對內部員工的稱法）就已經對雙十一、雙十二前後整個市場的成交情況提出疑問。要知道，他們的業績目標是和市場整體成交情況緊密相關，所以他們恐怕是全世界最關心成交走勢及最終結果的人。事實上，雙十一前後的成交曲線確實是往下走的。一旦預熱頁面上線，就有一部分消費者會把自己當下的消費需求轉變成雙十一當天的購買行為，當然也會把一部分未來的消費需求提前到雙十一去滿足。對這些小二來說，某一天業績衝得再高也不能替代每一天都持續穩定地增長，所以，一開始他們看到這樣的曲線也覺得很煩。我之所以記得這些，是因為二〇一〇到二〇一二這三年，我以身為平台規則和後台用戶管理配合部門的員工參與了雙十一，小二們當時提出的疑問，我也當面解答過。從今天的結果來看，當年的一些判斷還是有效的。

如果我們不單看某一年雙十一前後的資料，甚至不單看當年一整年的資料，而是把有雙十一以來七年的資料都放在一起對比，就不難發現這樣一個事實：前一年雙十一會把日成交金額拉升到最高峰，而這個最高峰會在第二年成為平均值。

我非常想在這裡放入一張表格，把上述資料列出來以做佐證，但由於各種原因，資料無法獲得。不過上述的確是事實，不但參與過雙十一的小二們都清楚這一點，早年曾在淘寶、天貓電商核心業務模組任職的人，也都知道雙十一當天的成交意謂著第二年整體成交的平均水準。

雙十一帶來的增長可能不是當下的、此時此刻的增長，而是規模性的增長，是把消費者的消費熱情和需求提升到一個新高度的增長。每年跨越一個台階之後，產生的波動也是在這個台階之上的波動，和前一個台階有著本質上的區別。

另外，前幾年的雙十一都能帶來大量的網購新增用戶，而且從這些新增用戶的行為來看，大致能判斷很多人的第一筆網購交易就是從雙十一開始的。我們可以把這種增長理解為用戶紅利，也可以理解為雙十一在那個正好需要英雄出現的歷史時期，站出來承擔了教育市場的角色。而享受到這一市場教育所帶來成果的，肯定不只是天貓、淘寶平台，還有這個平台上每個參與其中的品牌和商家。如果從輻射面和消費習慣的培養角度來說，整個電商行業恐怕都在接收來自雙十一的影響。

雙十一帶來的增長是毋庸置疑的，我們可以把這種增長一分為二來看，一部分其實是網購本身帶來的增長，另一部分則是在網購的效率之上加諸大規模集中式的折扣促銷，以及節日行銷所帶來的刺激型增長。

我不確定題目中所說的「拆東牆補西牆」是指什麼，能確定的是，在網購帶來的增長中，有相當一部分是從無到有，或者說是從弱到強。說白了就是我們有一些需求是被網購的便利性激發出來的，另一些需求是因為網購的豐富性而得到提升。比如，我現在每週幫自己買花，新鮮花束可以每週準時送到我在京郊的住址，而那附近或者透過便利的交通能到達的位置都沒有花店，如果沒有方便的網購方式，我的這個需求可能永遠不會被實現。再比如我們原來購買零食、麵包、牛奶等食品，基本上都是在離家最近的超市解決，而現在，除了那些常見的品牌和單品，我們還會在網路買些國外進口或口味新鮮的，海外購和大型網路超市所提供的選擇更豐富、服務更便捷，這使得我們總在不知不覺中花了更多錢。

至於節日集中消費帶來的意義其實是不言自明的，在本書中也多次提到，消費需求需要刺激，消費行為需要氣氛的烘托，否則很多需求是得不到有效轉換的。

問題二

問：有人認為雙十一形成了短暫起伏的消費，為商家的經營節奏、利潤率、供應鏈帶來巨大挑戰，對平台價值大，對商家的價值卻不大。怎麼看這種論點？

答：這個問題其實應該由商家來回答，而且不能是一、兩個，最好是請在雙十一銷售表現不同的各類商家來說說，或許答案會更加清晰。

如果真要我回答，只能跳開商家個別狀況來嘗試說明。

天貓從二〇〇八年上線以來，商家的增長和雙十一也有著密切關係。首先，早年間，幾乎每年雙十一之後，商家入駐天貓的熱情總顯得更加高漲，後來大家見慣了雙十一的成功，不會單純因為雙十一的刺激而加入天貓，然而天貓商家的入駐數量一直在增長，即使大家都知道電商已經過了紅利帶來的高速增長期。這可能在一定程度上說明，電商已經逐漸成為品牌和商家們的標準配置。

從前面資料可以大致分析出，在雙十一這件事情上，商家和平台的關係分為兩階段：第一階段是雙十一承擔了用影響力去教育市場的歷史使命，這裡的教育市場包括對消費者的教育，也包括了對品牌、商家的教育。同時，傳統零售原本沒有雙十一這個檔期，所以很多商家、品牌都沒有因應策略，供應鏈準備不足，匆忙迎戰，備貨風險高，價格壓得低，利潤率也低，這都是商家在對雙十一的認知從無到有必經的陣痛過程。當然，這個階段也有很多商家嘗到了雙十一帶來的甜頭，大量消費者的湧入、巨流量的產生、最終讓人意想不到的成交額，都讓商家和品牌很快明白，這是個很有價值的機會點，誰能率先調整節奏、跟上電商行業的步調，誰就有可能成為真正的受益者。

第二階段為雙十一已是天下皆知的事。平台做的事情更多是提供基礎設施和配套服務、做好交易保障、提升配對效率，概括來說，就是搭好檯子，讓能唱的人唱好、讓會跳的人跳好。這時平台能引入的消費者數量與前幾年相比，相對是可以預期的。品牌、商家，誰能從中拿走更多、轉換得更多，全憑自己的本事。

如果在這時有人再說雙十一打亂經營節奏，為供應鏈帶來傷害，個人覺得更大的問題可能在其自身。就像以前大家都知道有個十一國慶日、有個春節，但一定沒人會說十一國慶日和春節打亂節奏、消耗供應鏈。網購已成為大家生活中的一部分，電商已然逐漸成為消費的重要組成部分，雙十一成為電商最重要的消費節日也是不爭的事實。陣痛給人帶來的難受可以理解，但在生意場上，對每個企業、每個商家來說，取捨、平衡、調整甚至如何轉為主動，還是得看自己。

問題三

問：每年雙十一都會有很多質疑，認為銷售紀錄的數字灌水，主要是對假貨和做假帳的質疑。你怎麼看這種疑問？阿里巴巴的平台模式和假貨、假帳之間有無必然關聯？

答：從理論上來說，假貨和假帳這類事情肯定會伴隨平台的出現而發生。伴隨平台的壯大得以發展，但如果不是平台模式，而是自營模式，只要自營方夠自覺，花夠多力氣去管控供應鏈和貨源，嚴格控制真實交易行為和紀錄，假貨和假帳的問題確實可由自營方加以杜絕。

但上述說法確實只停留在理論上。

首先，假設沒有平台，假貨這件事就會消失嗎？顯然不會。假貨如果是因為平台才出現，大街小巷就不會還有那麼多假的名牌包了。

當我們在說「假貨」時，通常包括了兩件事，一是假冒，二是偽劣。假冒就是冒充別人的品牌，偽劣則如產品說明上說這個包是真皮但其實是人造皮。仔細深入分析，可以發現導致這兩個問題盤根錯節、極難根治的原因也不同。簡單來說，要抵制假冒，消費者、商家、品牌商、平台以及政府相關監管職能部門都是有責任的；抵制偽劣問題的主要責任應該在商家和監管部門。如果整個市場缺乏有效的監管和回饋機制，缺少一套正在持續運作的監管措施，那麼不管是平台模式還是自營模式，都逃不開假冒和偽劣問題的侵擾。別說是雙十一了，整個商品經濟體系的每個角落都會發生這類問題，沒有什麼能夠倖免。

其實在某種程度上，平台模式方便於對假冒偽劣問題進行監管。試想，在沒有網購平台的昨天，賣假貨的人滿街跑，打的是遊擊戰，賺了錢連屁股都不用擦，轉身就走，連痕跡都很難找到。在這種情況下，即使監管機制本身有效，也很難落實執行。但當有了網購平台之後，人們買假售假的行為比以前更集中，互聯網的資訊技術更容易找到他們的蹤跡，應該能對監管有所幫助。

至於假帳，從本質上來說，其實就是信用做假。這麼說吧，個人認為阿里巴巴對中國商業文明最大的貢獻，就是把「信用」這件事真正帶進了中國人的生活。當資訊技術把每個人買和賣的行為都悉數記錄下來，那麼交易行為是否良好，包含在交易行為中的商業價值是否足夠大，以及風險是否能夠得以控制，都是可以經過統計、計算並推演出一個信用結論。

商家（任何做生意的人）都知道，信用這件事一旦產生，所有的商業利益就會趨之若鶩地圍繞著它而展開。最早也是最淺顯的表現形式就是淘寶、天貓的信用評價，無論是消費者的購物選擇還是平台的引流，都更傾向於交易次數多、評價好、問題少的商品和商家。這就是「假帳」最初也最主要的成因。

對於假帳，平台確實是需要承擔起監管義務的，因為信用本身是資料，平台從平台資料中形成了信用，當然也應該盡可能在這些平台資料中釐清有效和無效的部分，努力做到信用資料的全面和真實，否則信用資料本身的價值就會降低。對於假帳問題，平台本身是最在意的一方，可能又會有人質疑這個說法。其實道理很簡單，如果雙十一平台縱容某些商家做假帳，那麼平台得到的可能是短時間內漂亮的成交資料，但同時平台也會損失交易資料庫內原本乾淨的交易信用資料，對平台來說，華麗的成交資料所擁有的是當下的影響力，而良好的信用資料庫才是真正能產生未來巨大商業價值的核心資產。如果是我，我肯定會選真實的信用資產。

我在阿里巴巴任職期間，有幾年都是在做對假冒偽劣、假帳等問題的管控工作。那時我們建立平台規則，多半是透過對違規商家進行線上行為的懲罰來達成所謂的管控，說實話，時常會有種「追在屁股後面打」、「人家換了槍眼，你還在堵窟窿」的感覺。阿里巴巴的資料積累、資料應用能力以及平台建設能力，發展到今天應該能夠建設起為社會監管體系提供支撐和服務的平台，整合政府和社會資源來協同管理這兩個問題。個人覺得，這才是阿里巴巴商業平台的最大價值。

問題四

問：實體經濟，特別是傳統零售業，在雙十一面前一片哀鴻，之前還有線下企業聯合抵制雙十一的例子。對於雙十一及其背後有關電商經濟衝擊傳統零售業的說法，你如何理解？未來的趨勢如何發展？

答：這個問題讓我想到了中學歷史課本裡對自強運動中頑固保守派的描述，雖然這種聯想並不貼切和恰當，但我知道，你們一定明白我的意思。

雙十一及其背後的電商衝擊了傳統零售業，這是不爭的事實。但是有的時候，只看到事實並不夠，如果不去分析事實形成的原因，就有可能錯認敵人，找不到解決問題的辦法。

傳統零售和電商相比，在某種意義上，一個是上個時代的產物，一個是這個時代的新生事物，它們之間存在著代際關係。前面提過，電商之所以在中國如此盛行，在互聯網啟蒙更早、發展得更好的美國卻沒有的原因是，中國的傳統零售業真的不那麼發達，中國消費者有著太多未被滿足的需求，無論是關於價格或服務、顯見或不顯見。而電商的出現讓中國消費者一下子跨越了幾十年，獲得很多類似於發達國家的消費體驗。這是不爭的事實。這並不是誰的錯，也不是從事傳統零售業的朋友不夠努力、做得不夠好。陸兆禧曾說過，打敗步兵的不是另一支步兵，而是騎兵。打敗傳統零售的肯定不是另外一種傳統零售，現在看來就是電商零售。

電商對於消費者來說，把消費服務和體驗做到了傳統零售難以企及的程度，對企業來說，還讓零售端的配對效率得到極大提升。有更多的品牌商在越過傳統零售一層層下行的通道、直接面對消費者的過程中，不僅達到更好的銷售額，還獲得一手又及時的消費者資料，為品牌的競爭力提供了更大的空間。所以我們可以說，原本中國經濟的主體成分是製造業供應鏈加傳統零售，那麼接下來很有可能是製造業供應鏈加網路零售。電商經濟會變成中國經濟很重要的組成部分，再怎麼抵制也不會有用。

不要誤會，我並沒有勸大家放棄抵抗、繳械投降。從商業本質來說，只要是能夠提供價值的商業行為，就有其存在意義。所以，線下零售業不會真的全部下線。之所以叫它線下零售而不是傳統零售，是因為既然時代改變了，那麼大家都需要改變。互聯網提供了網購體驗，但恐怕互聯網也有永遠（不說絕對，就僅說當下吧）涵蓋不到、提供不了的體驗。

有沒有女孩子告訴過你，「其實我不買，我就是看看。」逛街這件事不光是買買買，還有一種在眼花撩亂的商品叢林裡穿梭帶來難以名狀的快感，這種快感包括了把東西拿在手上端詳、感受帶來的切膚之感，也包含了腿在動、腦袋在放空的輕鬆感，還包括了和陌生人擦肩而過、相視一笑的微妙感覺。有人說虛擬實境能替代這些，對此我並不太相信。

有沒有發現「書店」正在復甦？誠品在蘇州開了中國的第一家店，自從二〇一五年年底開業至今，生意一直極好。二〇一六年四月，號稱「中國最美書店」的鐘書閣在杭州開業，試營運當天，店裡擠滿了人，很多人在那裡拍照、休閒。別說你認為這已經不是書店，這些當然不再是以往的書店，它們的興旺和成功，就在於它們提供了一種截然不同的體驗。

問題五

問：雙十一教育了中國網民，也教育了中國企業，推動了中國企業的互聯網化進程。在巨額的世界紀錄之後，我們應該如何善用互聯網和電子商務推動製造業的發展，帶動出口？雙十一有什麼相關的啟發？

答：個人認為，在推動製造業發展這方面，雙十一無法產生什麼直接、關鍵的作用，倒是對「帶動出口」也許還有點用。

其實前文裡也有過相關論述。雙十一可能會在兩大塊市場中發揮前幾年在網購崛起時所產生的作用，一塊是中國農村市場，一塊就是海外市場。所產生的作用就是用節日性消費去教育市場，把優質的網購體驗涵蓋過去，把那片市場的紅利吃下來。

既然這裡沒有問到農村，我們就只談海外。海外就是出口，原來出口的過程是很長的，中間存在多個服務物種，協作效率低下，消耗成本不少，於是出口價格降不下來。現在阿里巴巴的「一六八八」和天貓的邏輯是一樣的，縮減中間商，透過整合式的平台和基礎設施解決複雜、混亂的中間環節，同時提升效率和體驗，降低了出口價格。這種提升足以吸引大量的海外用戶，海外消費紅利被灌入阿里系平台，也就成為可能。

做好「帶動出口」這件事，可能就是要提供好服務。縮短出口流程的中間環節，要比天貓、淘寶那個時候去掉傳統零售中間環節來得艱難，因為還涉及海關、報稅、碼頭、輪船、貨運等原本阿里系大平台尚未具備的功能和尚未涵蓋的範圍。而且這些環節在推動過程中，遇到的問題都將非常實體化，可能有時候需要用做生意的方式解決，而不是用互聯網產品的思路解決。所以，這也是相當有挑戰的事。

如果能做好帶動出口這件事，對中國製造業來說，就會出現網購帶來的消費熱潮之外又一個消費熱潮。C2B是可以幫到製造業的，但C2B不是雙十一的產物，是平台本身應該推動更多製造業，一步一步、慢慢具備的能力。而且C2B為企業帶來的幫助其實是非本質型的，是在與零售端的配對方式上的提升，可以改變原來的生產成本模型，大大降低庫存。

但除此之外，製造業更需要的是產業結構的調整，以及就個體來說是核心能力的提升。這裡所說的核心能力主要指兩個，一個是製造業的核心技術能力，另一個是與內容相結合、塑造自身品牌的能力。中國的製造業缺乏自己的品牌，而品牌的沉澱為商業價值帶來更大的盈利空間，這就是為什麼中國製造業前幾年一直在為別人代工，自己卻不能轉為主動的原因。技術能力的缺乏會讓我們繼續錯過工業4.0改造升級的機會。工業4.0建立在工業機械化程度很高、系統作業能力完整的基礎上，沒有核心技術能力的積累，片面談智慧化也都是徒勞；或者說，只能在局部小範圍內產生作用，對整個局面的影響並不大。

要幫助製造業發展，恐怕阿里巴巴要在一定程度上放棄現在面對消費者的平台路線，然後抽身向後，為供應鏈或為某個行業的從業者提供協作平台。那完全是一個新東西，和雙十一、天貓甚至淘寶都不一定有必然關係。

附錄二

逍遙子採訪實錄

問題一

問：二〇〇九年天貓做雙十一的主要意圖是什麼？

逍遙子答：啟動雙十一的意圖很簡單，二〇〇九年天貓在阿里巴巴大家庭中還是一個新業務，我們希望透過一場大活動樹立這個品牌，同時和我們的商家一起為消費者帶來一些回饋。我看到美國有「黑色星期五」，我對團隊說，為什麼不開創一個我們自己的「黑色星期五」呢？為什麼選擇十一月？因為第四季永遠是零售銷售的黃金期，十月初有了國慶假期，這是購物的高峰期，第二個高峰期是年底購物季，幸運的是，在十一月出現一個空檔。同時，十一月正是季節劇烈變化的時候，從深秋到初冬，中國南北都開始換季，會買很多東西為冬天做準備，這是我們做一場大促銷的極好時機。

我告訴團隊，挑一個好日期吧，最好找個節日，容易記憶。可惜，我們在十一月找不到一個節日，然後團隊告訴我，十一月有個「單身節」，這是我第一次聽說「單身節」。十一月十一日，在數字裡有四個一，很好記，這就是優勢，於是我們選定這天，雙十一就這樣誕生了。

經過七年發展，現在好像已經很少有人再提「單身節」了，我很高興看到雙十一已經不僅僅是中國人的全國購物日，還向全世界發展。二〇一五年雙十一當天二十四小時的銷售額，已經超過了「黑色星期五」和「網路星期一」的總和，成為全球最大的網路購物節。

問題二

問：雙十一之所以能取得今天的成績，原因有哪些？望您能從客觀條件、時機、平台原因、團隊執行、商家協同等多方面來幫我們進行分析。

逍遙子答：如果僅從供需角度看雙十一，其實質是阿里巴巴的平台資源和所有平台上商家的資源，進行了完美的配對，阿里平台透過充分調動消費者的需求，與商家豐富多彩的供給配對，在那一天完成完美的碰撞，產生巨大的規模。從更廣義的角度看，雙十一的成功不僅是天貓和阿里巴巴的成功，更是整個生態體系的成功，因為這個過程當中只有在生產、銷售、倉儲、物流和售後各個環節，充分採用社會化協作的方式，才能實現如此大規模的銷售額和單量，也只有藉由社會化的方法，才能透過雙十一為所有企業帶來新的機會。雙十一證明了，當整個產業鏈中的各個環節、各個參與者目標一致，按照共同的標準與目標完成一件事情時，整個生態體系的力量是無窮的。

問題三

問：過去幾年，雙十一對中國傳統行業的互聯網化發揮了怎樣的作用？

逍遙子答：從某種意義上講，雙十一的成功是新經濟的成人禮，我們可以看到，隨著互聯網作為商業基礎設施成為全社會的共識，我們所有的合作夥伴，特別是零售平台上的品牌商和製造商，它們不再把一個互聯網的節日和自己傳統的生意對立起來，而是更積極地去擁抱這樣的節日，不僅把雙十一看做銷售的舞台，更當成是行銷和建立品牌的舞台。因為每個人都知道，它今天其實就是互聯網的一部分，所以我們可以看到，這是在產業融合過程中一個非常重要的變化。

不過，今天看到整個互聯網對於商業的影響以及對於整個產業的發展推動，更多是在需求方；我們看到東西因為電子商務而可以賣到更廣的區域，不需要有十萬家門市，也可以涵蓋中國很多地區，甚至鄉村。因為有互聯網，所以我可以連接消費者、傳送資訊給對方，並向對方討論，這是很多企業今天在嘗試的。但是可以看到，隨著互聯網的發展，對於供給方的影響會愈來愈大，互聯網未來將對供給方改革產生巨大推動。

問題四

問：過去七年的雙十一，最難的是什麼？或者是哪一年？什麼事情？這個難關是怎麼度過的？度過之後，對雙十一、對天貓的價值是什麼？

逍遙子答：每一年都有每一年的挑戰。從二〇〇九年創立這個節日到今天，我最大的感悟是：學無止境。每年都會有不同的變化，需要不斷學習，適應變化。二〇〇九年頭疼的是貨品超賣情況，但今天，我們已經不再討論超賣的問題，因為技術發展到現在，已經完全可以解決這個問題。但是隨著行動網路的普及和消費的升級，適應消費者手機購物的特點，滿足消費者全球購物的需求，已成為過去幾年雙十一的重要主題。

技術不斷在進步，用戶的生活方式也有所改變，未來我們還會在雙十一中面對各種各樣的挑戰，我們只有順應這種和引領這些變化。願意為變革付出一些成本甚至代價，我們才能一直走在時代的前列。雙十一中產生的創新，累積的經驗和沉澱的流程，都會有力地提升整個阿里巴巴集團和商業互聯網化的能力。

（「超賣」是指可能由於大量用戶在同一時間進行交易下單，結果用戶下訂的商品數量超過賣家設定的庫存上限，導致賣家不能按照訂單量進行發貨。）

問題五

問：從最早消費者概念中的打折活動到去年的盛典，接下來，阿里巴巴希望把雙十一打造成什麼樣子？如何賦予它更持久的生命力？雙十一接下來會從哪幾個方向突破？

逍遙子答：全球化以及消費和娛樂的結合，是去年雙十一的兩大亮點。雙十一會繼續走向全球。去年，我們有超過三千萬消費者在活動當天購買了國際品牌的商品或是來自海外原產地的商品，並且有來自全球超過兩百個國家和地區的消費者在雙十一期間發生購物行為。隨著阿里巴巴全球化戰略的推進，我們還會在更多當地市場找到「全球買，全球賣」的機遇。

同時，去年雙十一，我們第一次看到了娛樂和消費結合的巨大力量。去年，我們成功舉辦了雙十一晚會，晚會本身吸引了四千萬人觀看，成為同時段收視第一的節目。同時，透過晚會引導消費熱情，把消費者、粉絲和電視觀眾三個身分融合在一起，實現了在手機、電視和消費者之間的多屏無縫互動。

問題六

問：天貓愈來愈傾向於向大眾消費者提供更具確定性的服務，淘寶愈來愈像一個讓消費者發現商品、尋找樂趣、消遣時間的社群化商業平台，這種理解對嗎？

逍遙子答：淘寶和天貓有著各自不同的定位。天貓不僅是品牌的銷售平台，也是每個品牌營運用戶和發展會員的數位陣地，更是品牌全面升級商業互聯網化的基地。在天貓，品牌商可以快速觸及和獲取新用戶，管理老用戶，從而進行品牌塑造和行銷，最終轉換成銷售。同時，品牌商因為能直接接觸消費者，從而能產生大量的資料，這些資料最終可以變成指導品牌商改造生產工藝、生產流程、供應鏈方式及新產品研發等方面最有利的武器。當然，這一切發生的結果其實就是商業互聯網化升級的過程。

淘寶的意義已經遠遠不只是購物，愈來愈年輕化的淘寶不斷創造出新的產品、新的消費物件、新的潮流和內容。用戶在淘寶上充滿了發現的樂趣，透過評論、問答、互動和曬圖等形式，找到新的趨勢、內容和商品，也基於共同的愛好形成社區，使淘寶成為他們消磨時間的地方。淘寶、天貓這兩大平台分別為我們的商家合作夥伴帶來了獨特的價值。

問題七

問：在協同和開放之間，雙十一是否更傾向於前者？或者說，雙十一是在阿里系電商開放生態基礎上的一次大合唱？

逍遙子答：阿里系的電商生態是一個開放且自由度很高的平台。而雙十一背後是平台上成千上萬的企業，企業裡成百萬上千萬的員工和快遞業者，所有人按照一個標準做一件事情，這是什麼標準呢？就是資訊的標準，資料的標準。在這個過程中，形成了端到端的資料體驗、商品供給的完成、供給和需求的配對，這是過去雙十一給我們的感受。因為在這個過程中，很多產業的供需情況都在按照一個標準迅速裂變。

舉一個例子，在雙十一之前，我被告知中國整個運輸市場上的幹線運輸車輛被預訂一空，為什麼呢？因為所有的物流企業、配送企業都要為雙十一準備額外的資源。企業的庫存運輸車輛肯定不能滿足那時候的需要，所以它們要把社會上大量零散閒置的運輸資源整合起來。於是，在那一天便出現了大量的外包配送人員，因為大家都知道，那一天產生的包裹量為四億七千萬，超過了中國物流配送的承載力。但是社會合作的奧妙就在於，當我們能圍繞一個共同目標和夢想努力時，就能自然地整合，這樣力量就被喚發出來了。所以在那段時間裡出現了大量進行物流配送的臨時從業者，他們賺的是計件工資，他們可以透過手機獲得資訊、完成服務，最後資訊回饋，讓用戶獲得一體化的服務。這就是整合的力量。

中國所有快遞公司的系統都是和我們互聯的，在這樣互聯的情況下，當網站發售的一個銷售訂單轉換成一個物流包裹時，這個訂單儘管在不同的企業之間發生流轉，但資訊的標準不會斷裂，我們必須按照同一個標準，衡量這個訂單服務消費者時的及時性和有效性。只不過，它的商業屬性從銷售的訂單轉換成物流的訂單，乃至最後對於部分的產業轉換成一個服務的工單。所以在這個情況下，每個企業都是自己運作，但是在大的生態體系中，我們又會自覺或不自覺地互相連接，這樣的互相連接有助於我們提升客戶服務效率，並且自然形成以市場為導向的標準。我們今天已經看到了整個行業非常大的變化，也是雙十一中非常有意義的一點。

問題八

問：關於雙十一，請問逍遙子最想對天貓的商家、品牌商說什麼？

逍遙子答：首先我想對我們的商家，包括合作夥伴和快遞員們說聲感謝，因為有你們，才成就了這個全社會乃至全世界消費者的節日。

雙十一是對阿里巴巴一年一度的極限挑戰，也是對所有商家、合作夥伴乃至全社會商業能力的極限挑戰。每一年的極限狀態，在未來兩、三年內就會變為常態。阿里巴巴會努力把我們在雙十一中嘗試的各種創新沉澱成工具，充分賦能給我們的商家。比如二〇一四年雙十一，透過對大數據推薦的大規模應用，消費者得到了充分的引導和互動，商品得到了大量個性化的展示和推薦，事實證明了大數據的巨大威力。我們用大數據賦能了雙十一，賦能了我們自己的營運能力，於是在此後的一年，我們開始充分利用大數據賦能給所有商家，幫助它們做好對消費者的營運，實踐「讓天下沒有難做的生意」的使命，幫助大家都擁有自己的「雙十一」。

問題九

問：逍遙子對現在電商行業的創業者有什麼建議，可以不局限於雙十一？

逍遙子答：做生意的方式正在變化，電子商務本身也在產生變化，今天的電子商務實際上是用互聯網的技術和思想對各個產業進行商業重構，這當中存在著巨大的機會。

但我常常看到的是，企業進入某個行業，賺到錢，燒錢買用戶，大手筆補貼。這裡面的核心在於，有沒有完成商業重構？誰率先完成商品或服務的組織重構？誰在重構過程中發生化學變化，提升了整個生產供給的效率？誰才有機會為這個產業鏈建立新的模式，實現產業升級？任何用投資人的錢去做自己的規模、燒用戶的業務，都是不成立的，也沒有未來。

後記

這世上沒有簡單易行的制勝祕訣

雙十一如今已經具備了相當強大的影響力，不僅成了全中國網民狂歡的購物節，中國以外的地方也有愈來愈多人正在加入，卓然的成績讓雙十一毫無疑問成為商業史上一個成功的經典案例。既然是成功案例，那麼它就一定有值得學習、借鑑之處，甚至可能有值得效仿的部分。

要從歷時七年龐雜、繁複的事實中提取核心規律，是寫作本書的第一個難題。第二個難題是，提取出來的東西必須對雙十一的成功真正發揮關鍵作用，並且也值得他處借鑑，可以對成功的結果有引導和啟發作用。這兩個難題讓我在寫作過程中躊躇了很久，原來列好的提綱被一再推翻、修改。過程中，有好幾次都想放棄這種需要進行長時間嚴密思考的寫作，不然隨時會感覺自己都不會說話了。

這期間，我從北京回到杭州，度過二〇一六年的元旦及春節。在杭州，我見到了曾鳴教授及阿里巴巴前戰略部（現參謀部）的成員，像離開阿里巴巴之前一樣，和他們在一起暢談，從淘寶、天貓的過去和未來談到互聯網的今天和明天，總是受益良多。我告訴他們，我不知天高地厚地接了寫作一本書稿的工作，要寫一寫阿里巴巴的曠世之舉「雙十一」，而現在，寫作又陷入僵局，原因是我不知道看完這樣一本書，我的讀者們可以得到什麼。

他們當中沒有人給我答案，不過我們一起回憶了一件事，讓我打消了一些顧慮，也找到了這次寫作最重要的價值。

二〇一三年，整個互聯網圈和科技圈最重要的事情，大概就是微信。那年年底，微信的註冊戶已經達到六億，月活躍用戶接近三億，當中還有一億用戶來自海外。按照當時用戶增長的速度來看，微信將在不遠的將來超過QQ，而且微信的活躍用戶主要集中在行動端，所以微信實質上已經打敗了QQ。如果我們對全世界大型網路社交平台進行排名，前五名當中，騰訊以QQ和微信就可以占去其中兩席。

這一年，我們在阿里巴巴內部感受到前所未有的壓力，主要來自兩個非常重要的戰略級的業務，在多年嘗試之後仍然停滯不前，沒有取得關鍵性的進展，甚至已經為未來的業務布局帶來可見的障礙。一個是社交業務，另一個是行動端的業務。「言及互聯網必談BAT」（百度、阿里巴巴、騰訊三大互聯網公司巨頭）的盛勢，讓外界可能不容易理解這種瀰漫在內部空氣中的壓力，也許引用一段當時首席執行官老陸（陸兆禧）的話，事情就會更清晰一點。

老陸說，在戰場上，打敗步兵的不是另一支步兵隊伍，而是騎兵和戰車；打敗騎兵的也不會是另一支騎兵隊伍，而是槍砲和坦克。

顯然，阿里巴巴的高層把截至二〇一三年以淘寶和天貓為核心的電商業務群所取得的成功視為冷兵器時代的勝利，而將以微信為代表的來自社交和行動端的威脅視為有著代際意義的威脅。後來在二〇一六年春節，支付寶做春晚紅包時，很多人都對阿里巴巴為何執著於社交業務的推進感到困惑。我想，老陸的這段話多少可以說明部分原因。

比起當時集中在社交業務和行動業務的討論和嘗試，我個人更感興趣的是另一群人在另一個問題上的討論。雖然最終這些討論並未落實，卻讓每個參與的人都知道該如何保持思考，該如何對待每一次嘗試以及嘗試的每一個結果。這個討論的主題可以概括為「如何回歸商業的本質」。

這裡先不說「回歸」這件事。阿里巴巴的B2B、B2C、C2C平台，支付工具、物流、金融、資料等基礎設施業務，樣樣都很厲害，但當業務之間的關聯愈來愈複雜、一個策略的形成需要考慮的因素愈來愈多時，一個業務的走向就不再那麼單純。所以，談到「回歸」也屬正常現象。關於從什麼狀態「回歸」到什麼狀態，這類逸聞大可放到聊八卦的場景中去談，這裡只談什麼才是商業的本質。關於這個問題，每個人心中的答案或許不盡相同，特別是站在不同的行業、被不同的場景所圍繞時，我們所看到的問題、找到的方法往往是不同的，但我們要探尋的是在拋開了行業、階段、場景等具象之後的本質。

接下來給出的解釋，只是我個人在參與了一系列討論後得到的解釋，可能不是唯一的答案，也絕不能代表阿里巴巴及其他任何人的觀點。個人認為，商業的本質即價值的交換。

《史記・貨殖列傳》中說：「故待農而食之，虞而出之，工而成之，商而通之……人各任其能，竭其力，以得所欲。故物賤之征貴，貴之征賤，各勸其業，樂其事，若水之趨下，日夜無休時，不召而自來，不求而民出之。豈非道之所符，而自然之驗邪？」大意是這樣的：所以，人們要依靠農民耕種來取得食物，依靠開拓自然資源的虞人進山開採、漁夫下水捕捉來獲得物品，依靠工匠製造取得器具，依靠商賈貿易來交換和流通貨物……人們都在憑藉著自己的才能，竭盡自己的力量，來滿足自己的慾望。（貨物一旦開始流通）低價的貨物能夠以高價出售，高價的貨物也可能被低價購進。人們各自努力經營自己的本業，樂於從事自己的工作，就像水從高處流向低處那樣，日日夜夜沒有休止的時候，不用召喚就能自動形成，不用請求便會生產出來。這難道不是「符合規律，商業便可得以自然發展」的證明嗎？

這段話基本上已道出了商業的本質。人們按照自己的能力和特長從事農、虞、工各業，創造價值，再由商來進行流通和交換，「商不出則三寶絕」，可見，透過商，價值才能兌現，人的需要才能得到滿足。

具體來講，交換的起點是你能給別人帶來什麼，交換的結果是你能從別人身上得到什麼，而交換的過程就是「商」，也就是先對彼此所持有的價值進行估算和衡量，然後進行平等互利的交換。

所謂「你能給別人帶來什麼」，就是你所提供的產品或你所提供的服務，再深一層就是你所提供的產品或服務可以解決別人的什麼問題、滿足別人的什麼需求，這關係到你在交換的起點所持有物的價值高低。所謂「你能從別人身上得到什麼」，則是你的市場，也是別人對你所提供的產品、服務以及背後所包含的價值認可程度，這關係到你最終能得到的價值補償是多少。

所有人都不能只有生產價值，還需要有人專門來從事交換的工作，因為沒有它，任何價值都不能彰顯，更不能得到最終的實現。可以說，在商品經濟社會裡，人們的生產活動很多時候都是以交換為目的，交換的方式、範圍、頻率、效率等會對人們創造價值的工作方式產生直接影響。

我們幾乎可以用「是否貼合商業本質的規律」來評價周遭的一切商業行為。

如果我們認為自己所提供的產品或服務是有價值的，但不能確定誰會為它埋單，那麼我們所缺失的交換能力就不能透過讓更多人知道而得到彌補；如果我們所提供的價值對潛在的交換物件來說並不十分重要，也就沒有可能透過免費或低價來獲得他們的長期青睞。比如說，假設某一款APP在用戶增長方面遇到瓶頸，或許我們該考慮的不僅僅是它的市場策略，還有它的業務形態本身，它所提供的價值有無延展和增強的可能。又如，幾乎淘寶上出現過的每一個爆款都有著它價廉物美的一面，也就是說，它們基本上都是切中了某些人的某些重要訴求，而且還把價值做得非常顯性，讓人一看就懂、易於接受，減小了估算和衡量的障礙。在交換面前，價值是有效的，且只有在這個前提下，低價才是誘人的。

回想起當年關於商業本質的討論，讓我對本書主題有了信心。雙十一是一種商業行為，今天它能獲得多大的成果、引起多大的關注，就意謂著它本身具備了多大的價值。雙十一的成功和阿里系電商業務原本就具備的龐大用戶體量及阿里巴巴雄厚的財力支持一定有關，但可能不是必要或充分的關係；和天貓為雙十一制訂的策略、淘寶為雙十一所做的配合等一定也有關係，只是這些可能仍然不是問題的關鍵。

也許我們可以忘記概念，甚至忘記方法論，從雙十一的實質和核心價值開始，嘗試摸索這一類成功商業行為的內在邏輯。

當然，我們免不了要談一下互聯網，因為雙十一是基於互聯網環境，甚至是根植於互聯網時代的商業行為。當技術條件發生變化，雖然本質不變，商業行為所提供的價值內容、商業行為之間價值輸入和輸出的配對關係、價值交換的方式都會發生變化。而且，以上這些方面，互聯網相對其他技術進步而言，它所帶來的變化顯然是更加深刻也更加廣泛。雙十一的成功並不僅僅依存於互聯網，卻為互聯網的商業變現提供了較為完整的現實參照。

在此我最想說的是，感謝互聯網讓我們這一代人，不，是我們這幾代人獲得更多的可能性，讓我們有機會擺脫各自原生的社會關係，在求學、入仕，成為工人、農民和個體戶之外，有機會成為自己想成為的人。雙十一不僅是阿里巴巴的壯舉，也是每個人在互聯網時代共同創造的壯舉。成就每一個個體終將成為互聯網有可能帶來的真正奇蹟。

實戰智慧館 447

雙 11

——全球最大狂歡購物節，第一手操作大揭密

作者——秦嫣

責任編輯——陳懿文
特約編輯——張毓如
封面設計——黃聖文
內頁設計——Zero
行銷企劃——盧珮如
出版一部總編輯暨總監——王明雪

發行人——王榮文
出版發行——遠流出版事業股份有限公司
臺北市南昌路二段 81 號 6 樓
郵撥：0189456 1
電話：(02) 2392-6899　傳真 (02) 2392-6658
著作權顧問 / 蕭雄淋律師

2017 年 6 月 1 日初版一刷
定價——新台幣 320 元（缺頁或破損的書，請寄回更換）

ISBN 978-957-32-8005-7

YLib 遠流博識網
http://www.ylib.com　E-mail:ylib@ylib.com

原著：雙 11 ——世上沒有偶然的奇蹟 © 秦嫣

國家圖書館出版品預行編目 (CIP) 資料

雙 11 : 全球最大狂歡購物節 , 第一手操作大揭密 /
秦嫣著 . -- 初版 . -- 臺北市 : 遠流 , 2017.06
面 ;　公分
ISBN 978-957-32-8005-7（平裝）

1. 阿里巴巴公司 2. 電子商務 3. 網路行銷

494　　106007391